银领工程——计算机项目案例与技能实训丛书

U0129032

电脑组装与维护

（第2版）

（累计第6次印刷，总印数28000册）

九州书源　编著

清华大学出版社

北京

内 容 简 介

随着信息技术的不断发展，能否掌握和熟练操作电脑已经成为衡量人才的标准，而对电脑软硬件知识的要求是最基本的标准。本书主要介绍了电脑硬件的选购、组装及维护等基本知识，内容包括电脑硬件的基本知识，主板、CPU、内存、硬盘、显卡和光驱等电脑各配件的选购，电脑整机的组装，BIOS 的设置，硬盘的分区及格式化，操作系统和常用软件的安装，电脑硬件的测试，电脑的维护和优化，电脑病毒的防治以及电脑故障的处理等。

本书采用了基础知识、应用实例、项目案例、上机实训、练习提高的编写模式，力求循序渐进、学以致用，并切实通过项目案例和上机实训等方式提高应用技能，适应工作需求。

本书提供了配套的实例素材与效果文件、教学课件、电子教案、视频教学演示和考试试卷等相关教学资源，读者可以登录 http://www.tup.com.cn 网站下载。

本书适合作为职业院校、培训学校、应用型院校的教材，也是非常好的自学用书。

图书在版编目（CIP）数据

电脑组装与维护/九州书源编著. —2 版. —北京：清华大学出版社，2011.12
银领工程——计算机项目案例与技能实训丛书

ISBN 978-7-302-27022-5

I. ①电… II. ①九… III. ①电子计算机-组装-教材 ②电子计算机-维修-教材 IV. ①TP30

中国版本图书馆 CIP 数据核字（2011）第 201556 号

责任编辑：赵洛育　刘利民
版式设计：文森时代
责任校对：张彩凤
责任印制：王秀菊

出版发行：清华大学出版社　　　　　　　　　地　　址：北京清华大学学研大厦 A 座
　　　　　http://www.tup.com.cn　　　　　　邮　　编：100084
　　　　　社　总　机：010-62770175　　　　邮　购：010-62786544
　　　　　投稿与读者服务：010-62776969，c-service@tup.tsinghua.edu.cn
　　　　　质　量　反　馈：010-62772015，zhiliang@tup.tsinghua.edu.cn
印　刷　者：北京富博印刷有限公司
装　订　者：北京市密云县京文制本装订厂
经　　销：全国新华书店
开　　本：185×260　印　张：17.75　字　数：410 千字
版　　次：2011 年 12 月第 2 版　　印　次：2011 年 12 月第 1 次印刷
印　　数：1～6000
定　　价：32.80 元

产品编号：042659-01

丛书序
Series Preface

本丛书的前身是"电脑基础·实例·上机系列教程"。该丛书于 2005 年出版，陆续推出了 34 个品种，先后被 500 多所职业院校和培训学校作为教材，累计发行 **100 余万册**，部分品种销售在 50000 册以上，多个品种获得 **"全国高校出版社优秀畅销书"一等奖**。

众所周知，社会培训机构通常没有任何社会资助，完全依靠市场而生存，他们必须选择最实用、最先进的教学模式，才能获得生存和发展。因此，他们的很多教学模式更加适合社会需求。本丛书就是在总结当前社会培训的教学模式的基础上编写而成的，而且是被广大职业院校所采用的、最具代表性的丛书之一。

很多学校和读者对本丛书耳熟能详。应广大读者要求，我们对该丛书进行了改版，主要变化如下：

- 建立完善的立体化教学服务。
- 更加突出"应用实例"、"项目案例"和"上机实训"。
- 完善学习中出现的问题，更加方便学生自学。

一、本丛书的主要特点

1．围绕工作和就业，把握"必需"和"够用"的原则，精选教学内容

本丛书不同于传统的教科书，与工作无关的、理论性的东西较少，而是精选了实际工作中确实常用的、必需的内容，在深度上也把握了以工作够用的原则，另外，本丛书的应用实例、上机实训、项目案例、练习提高都经过多次挑选。

2．注重"应用实例"、"项目案例"和"上机实训"，将学习和实际应用相结合

实例、案例学习是广大读者最喜爱的学习方式之一，也是最快的学习方式之一，更是最能激发读者学习兴趣的方式之一，我们通过与知识点贴近或者综合应用的实例，让读者多从应用中学习、从案例中学习，并通过上机实训进一步加强练习和动手操作。

3．注重循序渐进，边学边用

我们深入调查了许多职业院校和培训学校的教学方式，研究了许多学生的学习习惯，采用了基础知识、应用实例、项目案例、上机实训、练习提高的编写模式，力求循序渐进、学以致用，并切实通过项目案例和上机实训等方式提高应用技能，适应工作需求。唯有学以致用，边学边用，才能激发学习兴趣，把被动学习变成主动学习。

二、立体化教学服务

为了方便教学，丛书提供了立体化教学网络资源，放在清华大学出版社网站上。读者登录 http://www.tup.com.cn 后，在页面右上角的搜索文本框中输入书名，搜索到该书后，单击"立体化教学"链接下载即可。"立体化教学"内容如下。

- **素材与效果文件**：收集了当前图书中所有实例使用到的素材以及制作后的最终效果。读者可直接调用，非常方便。
- **教学课件**：以章为单位，精心制作了该书的 PowerPoint 教学课件，课件的结构与书本上的讲解相符，包括本章导读、知识讲解、上机及项目实训等。
- **电子教案**：综合多个学校对于教学大纲的要求和格式，编写了当前课程的教案，内容详细，稍加修改即可直接应用于教学。
- **视频教学演示**：将项目实训和习题中较难、不易于操作和实现的内容，以录屏文件的方式再现操作过程，使学习和练习变得简单、轻松。
- **考试试卷**：完全模拟真正的考试试卷，包含填空题、选择题和上机操作题等多种题型，并且按不同的学习阶段提供了不同的试卷内容。

三、读者对象

本丛书可以作为职业院校、培训学校的教材使用，也可作为应用型本科院校的选修教材，还可作为即将步入社会的求职者、白领阶层的自学参考书。

我们的目标是让起点为零的读者能胜任基本工作！

欢迎读者使用本书，祝大家早日适应工作需求！

九州书源

前 言

Preface

　　随着电脑在人们日常工作和生活中的不断普及，其使用范围越来越大，使用频率越来越高，电脑出现故障的几率也越来越大。了解电脑硬件的基本常识、电脑的选购技巧以及掌握电脑软硬件的日常维护方法和电脑故障的处理方法是很多企业对员工的基本要求。本书迎合这一时代趋势，针对目前电脑组装与维修人员这一特殊行业中不同层次读者的实际需要，讲解他们最基本也是最迫切想要掌握的内容，包括电脑硬件的基本知识、电脑选购、操作系统和常用软件的安装、电脑硬件的测试、电脑的维护和优化、电脑安全防护以及电脑故障的处理等方面的知识。

📖 本书的内容

　　本书共 17 章，可分为 7 个部分，各部分具体内容如下。

章　　节	内　　容	目　　的
第1部分（第1章）	讲解电脑的发展史、组成原理、电脑的基本结构及使用工具拆卸电脑的知识	为后面电脑的选购、组装及维护奠定基础
第2部分（第2~9章）	讲解电脑硬件的基本结构、分类、工作原理、各部件性能指标、硬件的选购方法、辨别硬件真伪以及通过上网查找硬件的相关信息等知识	在选购电脑时，能很快地辨别出各硬件的真伪
第3部分（第10章）	讲解电脑的选购知识、电脑组装前的准备工作、电脑组装的流程以及电脑硬件的具体安装方法	能够轻松完成电脑中的硬件组装
第4部分（第11章）	讲解BIOS设置方法、硬盘的分区和格式化及如何使用命令和软件对硬盘进行分区及格式化	提高电脑的运行速度，减少磁盘的占用空间。掌握BIOS的设置和磁盘的分区及格式化操作
第5部分（第12~13章）	讲解操作系统的安装、驱动程序和应用软件的获取和安装方法（包括办公软件以及测试软件等）及如何使用专业测试软件测试电脑的硬件和整机性能	能够进行电脑操作系统的安装，测试电脑各组件的性能
第6部分（第14~16章）	讲解电脑硬件及操作系统维护和优化的具体方法（包括电脑除尘、硬件超频等）、电脑的安全防护及如何使用杀毒软件和防火墙防御病毒或黑客的攻击	更好地维护电脑，预防病毒和黑客的攻击
第7部分（第17章）	讲解常见电脑故障的具体现象、故障的原因以及排除这些故障的具体方法	减少因电脑发生故障而带来的损失

✍ 本书的写作特点

　　本书图文并茂、条理清晰、通俗易懂、内容翔实，在读者难于理解和掌握的地方给出了提示或注意，并加入了许多目前主流电脑产品信息，使读者能了解市场动态。另外，书中配置了大量的实例和练习，让读者在不断的实际操作中强化书中讲解的内容。

本书每章按"学习目标+目标任务&项目案例+基础知识与应用实例+上机及项目实训+练习与提高"结构进行讲解。

- **学习目标**：以简练的语言列出本章知识要点和实例目标，使读者对本章将要讲解的内容做到心中有数。

- **目标任务&项目案例**：给出本章部分实例和案例结果，让读者对本章的学习有一个具体的、看得见的目标，不至于感觉学了很多却不知道干什么用，以至于失去学习兴趣和动力。

- **基础知识与应用实例**：将实例贯穿于知识点中讲解，使知识点和实例融为一体，让读者加深理解思路、概念和方法，并模仿实例的制作，通过应用举例强化巩固小节知识点。

- **上机及项目实训**：上机实训为一个综合性实例，用于贯穿全章内容，并给出具体的制作思路和制作步骤，完成后给出一个项目实训，用于进行拓展练习，还提供实训目标、视频演示路径和关键步骤，以便于读者进一步巩固。

- **项目案例**：为了更加贴近实际应用，本书给出了一些项目案例，希望读者能完整了解整个制作过程。

- **练习与提高**：本书给出了不同类型的习题，以巩固和提高读者的实际动手能力。

另外，本书还提供有素材与效果文件、教学课件、电子教案、视频教学演示和考试试卷等相关立体化教学资源，立体化教学资源放置在清华大学出版社网站（http://www.tup.com.cn），进入网站后，在页面右上角的搜索引擎中输入书名，搜索到该书，单击"立体化教学"链接即可。

☺ 本书的读者对象

本书主要适用于正在或想要从事电脑组装与维修等方面工作的人员、电脑初学者以及即将走向社会的在校学生，尤其适合作为职业院校、社会培训和应用型本科院校的教材使用。

✉ 本书的编者

本书由九州书源编著，参与本书资料收集、整理、编著、校对及排版的人员有：羊清忠、陈良、杨学林、卢炜、夏帮贵、刘凡馨、张良军、杨颖、王君、张永雄、向萍、曾福全、简超、李伟、黄沄、穆仁龙、陆小平、余洪、赵云、袁松涛、艾琳、杨明宇、廖宵、牟俊、陈晓颖、宋晓均、朱非、刘斌、丛威、何周、张笑、常开忠、唐青、骆源、宋玉霞、向利、付琦、范晶晶、赵华君、徐云江、李显进等。

由于作者水平有限，书中疏漏和不足之处在所难免，欢迎读者朋友不吝赐教。如果您在学习的过程中遇到什么困难或疑惑，可以联系我们，我们会尽快为您解答。联系方式是：

E-mail：book@jzbooks.com。

网　　址：http://www.jzbooks.com。

编　者

导 读

Introduction

章 名	操 作 技 能	课 时 安 排
第1章　电脑组装基础	1. 了解电脑的发展史 2. 掌握电脑的组成原理 3. 认识机箱的基本结构 4. 了解电脑组装和拆卸的常用工具	2学时
第2章　电脑的身躯——主板	1. 认识主板的基本结构 2. 掌握主板的性能指标 3. 掌握主板的选购方法	3学时
第3章　电脑的数据处理中心——CPU	1. 了解CPU的发展史 2. 掌握CPU的主要性能指标 3. 了解主要CPU的型号及生产厂家 4. 掌握CPU的选购方法	3学时
第4章　电脑的临时存储器——内存	1. 了解内存的种类 2. 掌握内存的性能指标 3. 掌握内存的选购方法	2学时
第5章　电脑的存储设备——硬盘、光驱、刻录机及移动存储设备	1. 硬盘的工作原理 2. 认识硬盘的结构 3. 掌握硬盘的性能指标 4. 掌握硬盘的选购方法 5. 了解光驱的工作原理和性能指标 6. 掌握光驱的选购方法 7. 了解刻录机相关知识 8. 了解其他移动存储设备	3学时
第6章　电脑的显示系统——显卡和显示器	1. 了解显卡的分类 2. 认识显卡的结构 3. 掌握显卡的性能指标 4. 掌握显卡的总线接口 5. 了解显卡的显示芯片 6. 掌握显卡的选购方法 7. 了解显示器的分类 8. 掌握显示器的性能指标 9. 掌握显示器的选购方法	3学时

续表

章　名	操作技能	课时安排
第7章　电脑的声音设备——声卡和音箱	1. 了解声卡的发展和分类 2. 认识声卡的结构 3. 掌握声卡的技术规格 4. 掌握声卡的选购方法 5. 了解音箱的种类和技术参数 6. 掌握音箱的选购方法	3学时
第8章　电脑的机箱和电源	1. 掌握机箱和电源的基础知识 2. 掌握机箱和电源的选购方法	2学时
第9章　其他外部设备	1. 掌握键盘的分类和选购方法 2. 掌握鼠标的分类、技术指标和选购方法 3. 网卡的分类、技术指标和选购方法 4. 认识打印机 5. 认识摄像头和扫描仪	3学时
第10章　电脑组装流程	1. 了解电脑选购的注意事项 2. 了解组装前的准备 3. 掌握电脑组装的步骤 4. 掌握电脑组装的流程	3学时
第11章　BIOS与硬盘设置	1. 了解BIOS的基本知识 2. 掌握BIOS详细设置 3. 了解如何升级BIOS 4. 了解分区的基本常识 5. 掌握如何进行硬盘分区 6. 掌握如何格式化硬盘	3学时
第12章　安装操作系统及常用软件	1. 掌握安装操作系统的方法 2. 掌握安装驱动程序的方法 3. 掌握安装应用程序的方法	3学时
第13章　电脑性能测试	1. 掌握检测电脑硬件的方法 2. 了解如何测试整机性能 3. 了解如何测试电脑稳定性	2学时
第14章　电脑硬件的维护和优化	1. 了解电脑硬件的日常维护方法 2. 掌握磁盘的维护方法 3. 掌握电脑硬件的优化方法	2学时
第15章　操作系统的维护和优化	1. 掌握操作系统的日常维护方法 2. 掌握操作系统的优化操作方法 3. 掌握Ghost备份磁盘分区	3学时

续表

章　名	操　作　技　能	课　时　安　排
第16章　电脑的安全防护	1．了解病毒和黑客攻击的相关知识 2．掌握网络安全设置的相关内容	2学时
第17章　电脑常见故障排除	1．了解电脑故障产生的原因 2．掌握检测电脑故障的方法 3．掌握常见电脑故障的排除方法	3学时

目 录
Contents

第 1 章　电脑组装基础

学习目标

- ☑ 了解电脑的发展史
- ☑ 了解电脑的硬件和软件系统
- ☑ 认识电脑组装的常用工具
- ☑ 认识电脑机箱的内部结构
- ☑ 查看电脑各硬件在机箱中的位置

目标任务&项目案例

最早的电脑——ENIAC

第四代电脑

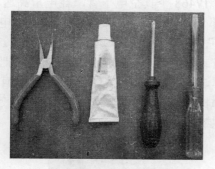

组装电脑的常用工具

主机箱的内部结构

　　在组装电脑之前，应先了解组装一台电脑需要的基本部件，以及对这些部件功能的基本认识。本章将对电脑的发展史以及电脑组装时常用的工具进行讲解，剖析电脑机箱的内部结构，让读者了解电脑的硬件系统和软件系统，并通过拆卸电脑机箱查看其内部结构及各部件所在的位置，迈出组装电脑的第一步。

1.1　电脑的发展史

电脑是20世纪最伟大的发明之一，可以说电脑是当今社会科学和经济发展的奠基石。电脑的发明带动了20世纪下半叶的信息技术革命，加速了社会的发展，改变了人们的生活和学习方式。

1.1.1　电脑的诞生

电脑是人们对电子计算机的俗称，第一台电脑是1946年2月15日由美国宾夕法尼亚大学研制的，名为ENIAC。在电子计算机之前，还有一台具有历史意义的计算器，它是由法国数学家帕斯卡于1642年发明的。后来，德国数学家莱布尼兹在帕斯卡计算器的基础上，于1694年发明了世界上第一台能进行加减乘除运算的机械计算机。

📢**提示：**

> 美籍匈牙利数学家冯·诺依曼对ENIAC进行了改进，并命名为"冯·诺依曼"体系电脑，现在的电脑都是由"冯·诺依曼"体系电脑发展而来的，因此冯·诺依曼被西方科学家尊称为"电子计算机之父"。

1.1.2　电脑的发展

自1946年第一台真正意义上的电脑被发明后，从最初采用电子管的庞大电脑到如今采用超大规模集成电路的微型电脑，电脑主要经历了4个阶段和3次重大的技术革新。下面将对电脑的主要发展历程进行简单介绍。

1. 电子管时代

1946年研发的第一代ENIAC电脑使用了17468个真空电子管，耗电量高达174kW，占地170m²，重达30t，如图1-1所示。由于那个时期的电脑以电子管作为基本电子元件，用磁鼓作为主存储器，因而称为"电子管时代"。它采用的是十进制的计数方式，由冯·诺依曼改进后，电脑才开始采用二进制的计数方式，并且在电脑内加入存储器，把程序和数据一起存储在电脑体内，让电脑自动完成运算过程，这便是我们今天使用的电脑的雏型。

这一代的电脑体积大，耗电量大，价格昂贵，运行速度较慢，并且可靠性较差，使得电脑的应用范围只局限于科研、军事等少数领域。

图1-1　电子管电脑——ENIAC

2．晶体管时代

1954 年诞生了世界上第一台晶体管电脑 TRADIC，如图 1-2 所示。它是由美国贝尔实验室研制而成的，以晶体管代替电子管作为基本电子元件，该时期便称为电脑的"晶体管时代"。这时电脑的体积、重量、功耗等都大幅度地减少，计算速度也有很大提高。

图 1-2　晶体管电脑

3．集成电路时代

1962 年，由美国得克萨斯公司与美国空军共同研制出了第一台采用中小规模集成电路组成的电脑。当时的电脑大都以集成电路为最基本电子元件，其体积、功耗都进一步减少，可靠性进一步提高，运算速度达到了 4000 万次每秒，这个时期便被称为电脑的"集成电路时代"，如图 1-3 和图 1-4 所示。由于电脑采用了集成度较高、功能较强的中小规模集成电路，因此使电脑的价格更便宜，应用范围更为广阔。

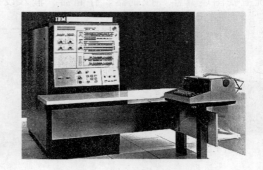

图 1-3　大型集成电路电脑　　　　　　　　图 1-4　早期集成电路电脑

4．超大规模集成电路时代

随着科学技术突飞猛进的发展，20 世纪 70 年代后，各种先进的生产技术广泛应用于电脑制造，这使得电子元件的集成度进一步加大，出现了大规模和超大规模集成电路。电脑以大规模和超大规模集成电路作为电子元件后，使得电脑体积更加小型化，功耗更低，价格更便宜，这为电脑的普及铺平了道路。这时微型机应运而生，为电脑的普及以及网络化创造了条件。如今，电脑的发展更加迅速，微型电脑已在整个电脑领域占据着主导地位，它应用于各个领域，为人们的生活和工作带来了极大的方便，如图 1-5 和图 1-6 所示。

图 1-5　台式机电脑

图 1-6　笔记本电脑

1.2　电脑的组成原理

电脑系统主要由硬件和软件两大部分组成。硬件是指组成电脑的物理实体，如 CPU、主板、内存等；软件是指运行于硬件之上具有一定功能，并能够对硬件进行操作、管理及控制的电脑程序，它依附于硬件。

1.2.1　硬件系统

电脑都是以冯·诺依曼所设计的体系结构为基础的，冯·诺依曼体系结构就像一本书的目录，使得电脑的发展变化从未越出其规定和约束。冯·诺依曼体系结构规定电脑硬件系统主要由运算器、控制器、存储器、输入设备和输出设备等几部分组成，如图 1-7 所示。

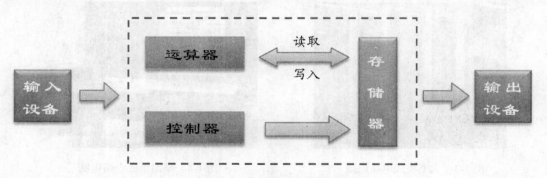

图 1-7　电脑硬件系统的组成

1. 运算器和控制器

运算器是用来进行数据处理，即完成数据的算术运算和逻辑运算，它被集成在 CPU 中。控制器用来对电脑的运算器等部件进行控制，它可以发出各种指令，以控制整个电脑的运行，指挥和协调电脑各部件的工作，也被集成在 CPU 中。运算器和控制器合称为中央处理单元，英文名为 Central Processing Unit，简称 CPU。CPU 是整个电脑的中枢，通过各部分的协同工作，实现数据的分析、判断和计算等处理，以完成程序所指定的任务。目前市场上主要有如图 1-8 所示的 Intel CPU 和如图 1-9 所示的 AMD CPU 两类。

图 1-8　Intel CPU

图 1-9　AMD CPU

2．存储器

存储器是电脑存放数据的"仓库"，分为内存储器和外存储器。内存储器又叫内存或主存；外存储器是辅助存储器，简称外存，其容量较大，但存取速度较慢，用于存放电脑暂时不用的数据和程序。下面将对电脑的主要存储器，即内存、硬盘、光驱和移动存储设备等进行简单介绍。

- **内存**：内存是电脑中的关键部件，电脑没有内存将无法运行，如图 1-10 所示。它是电脑中各部件与 CPU 进行数据交换的中转站，用于存储 CPU 当前处理的信息，能直接和 CPU 交换数据。其特点是存取速度快，但是容量较小，断电后不能保存数据。

- **硬盘**：硬盘是电脑中较重要的存储设备，在其中存放着电脑正常运行需要的操作系统和数据，如图 1-11 所示。它具有容量大、可靠性高等特点。

图 1-10　内存

图 1-11　硬盘

- **光驱**：光驱是电脑中最普遍的外部存储设备，由于各种操作系统和软件都是二进制数据，为了方便这些数据的存放和传播，便将其刻在光盘上，使电脑能够直接读取这些数据。在早期，这类数据的存放和传播采用类似录音机磁带的存储介质，即磁带机和磁盘。后来开始使用光盘来存放电脑程序、多媒体应用软件以及文本、图形图像等。光盘存放数据的特点是容量大、成本低，而且保存时间长。

- **移动存储设备**：移动存储设备包括如图 1-12 所示的移动硬盘和如图 1-13 所示的

移动 USB 盘（简称 U 盘），这类设备可即插即用，容量也能基本满足用户的需求，现在已成为电脑必不可少的附属配件。

图 1-12　移动硬盘

图 1-13　U 盘

3. 输入设备

输入设备是指将数据输入到电脑中的设备，最早的输入设备是一台读孔的机器，它只能输入"0"和"1"两种数字。随着高级语言的出现，人们逐渐发明了键盘、鼠标、扫描仪和手写板等人性化的输入设备，使电脑不再是只有科学家才能够操作的工具。下面将对这些输入设备进行简单的介绍。

- ➥ **鼠标**：鼠标是随着图形操作界面而产生的，如图 1-14 所示。使用鼠标可以准确、方便地移动光标，从而实现精确定位。

- ➥ **键盘**：自从人们摆脱了手工向电脑的数字输入后，键盘成了必不可少的输入设备，如图 1-15 所示。输入各种数据都需要键盘，它是用户和电脑之间重要的沟通工具。

图 1-14　鼠标

图 1-15　键盘

- ➥ **扫描仪**：扫描仪主要用于文字和图像的扫描输入，使用它可以将一些使用鼠标和键盘无法输入的照片、纸张文件及其他特殊输入对象扫描到电脑中，并以图像的格式进行保存，如图 1-16 所示。

- ➥ **手写板**：手写板的作用和键盘类似，基本上只局限于输入文字或绘画，也带有一些鼠标的功能，如图 1-17 所示。

图 1-16　扫描仪

图 1-17　手写板

4．输出设备

在电脑中，输出设备负责将电脑处理数据的过程和结果告知用户，让用户以此来判断计算的正确性。最初电脑的输出结果是一长串由 0 和 1 组成的机器数，人们很难对其进行判断，后来为了方便，便在电脑中加入各种转换设备，将机器数转换成人们能够轻松识别的数字、字符、表格、图形等形式。最常见的输出设备有显示器、打印机和音响等。下面将对这些设备进行简单介绍。

- 显卡：显卡又称为显示适配器，它用于电脑中的图形处理和输出，如图 1-18 所示。它的功能是将电脑中的数字信号转换成显示器能够识别的信号（模拟信号或数字信号），并将其处理和输出，可分担 CPU 的图形处理工作。
- 显示器：显示器负责将显卡传送来的图像信息显示在屏幕上，它是用户和电脑对话的窗口，可以显示用户的输入信息和电脑的输出信息，如图 1-19 所示。

图 1-18　显卡

图 1-19　显示器

- 声卡：声卡的作用和显卡类似，用于处理和输出声音信息，并通过音箱或耳机转换成人们能听到的声音，如图 1-20 所示。
- 音箱：它的作用类似于显示器，可直接连接到声卡的音频输出接口中，并将声卡传输的音频信号输出为人们可以听到的声音，如图 1-21 所示。

图1-20 声卡

图1-21 音箱

> **打印机**：用于将电脑处理结果打印在相关介质上，如图1-22所示。
> **摄像头**：用来采集和传达图像，再通过显示器输出，如图1-23所示。

图1-22 打印机

图1-23 摄像头

5．机箱和电源

电源也称为电源供应器，如图1-24所示。它是电脑的心脏，提供电脑正常运行时所需要的动力。机箱是安装放置各种电脑设备的装置，如图1-25所示。它将电脑设备整合在一起，起到保护电脑部件的作用，此外，也能屏蔽主机内的电磁辐射，以保护电脑使用者。

图1-24 电源

图1-25 机箱

提示：

除前面讲解的这些设备以外，电脑硬件系统中还有一个非常重要的硬件设备，即主板，它提供了各种不同的接口和插槽，将电脑中的各个设备有机地组合在一起，协调完成工作。

1.2.2　软件系统

软件系统运行在电脑硬件系统上，其作用是运行、管理和维护电脑系统，并充分发挥电脑的性能。电脑软件是由电脑语言编制而成的程序，由于软件的功能各有不同，因此可将其分为系统软件和应用软件两大类。下面将分别进行介绍。

- ➡ **系统软件**：主要作用是对电脑的软硬件资源进行管理，并为用户提供各种服务。系统软件比较复杂，由一个或多个团体开发而成，包括操作系统、监控管理软件和编译程序等，如 Windows 等。
- ➡ **应用软件**：指一些具有特定功能的软件，这些软件能够帮助用户完成特定的任务，如图形处理软件、数据库设计软件和程序开发软件等。

1.3　拆卸主机查看内部硬件

认识电脑的组成硬件后，可以使用常用的组装工具拆卸主机查看硬件在主机箱中所处的位置。下面对常用的工具和拆卸主机的方法进行介绍。

1.3.1　认识电脑组装的常用工具

组装电脑前应该先准备好各种工具，这样在组装固定电脑配件时会更加方便，达到事半功倍的效果。常用的工具有螺丝刀、镊子、万用表和尖嘴钳等。

1．螺丝刀

装机必用的工具就是螺丝刀，螺丝刀有两种：一种是一字形的，通常称为"平口改刀"；另一种是十字形的，通常称为"梅花改刀"，如图 1-26 所示。螺丝刀应尽量选用带磁性的，这样在进行拆卸操作时可不用手扶螺丝，而且如果螺丝不慎掉入机箱中还可以用螺丝刀的磁性将螺丝吸出来。

📢提示：

电脑中的大部分螺丝刀都是十字形的，所以十字形的螺丝刀在组装电脑过程中发挥着主要作用。

2．镊子

在设置主板、光驱和硬盘上的跳线时，可以用镊子来夹取跳线帽，也可以用镊子来夹取掉落在机箱中的螺丝或一些小物件，如图 1-27 所示。

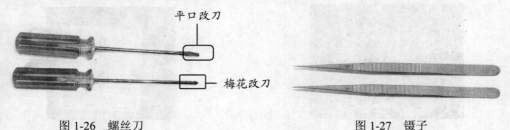

图 1-26　螺丝刀　　　　　　　　　　　　　图 1-27　镊子

3．万用表

如果在装机完成后开机却无电源信号输出，便可用万用表检测机箱电源是否有问题，查看其电源电路有无输出，输出是否正常等，并用于检查定位故障。使用万用表前应先熟悉万用表的使用方法，以免在使用万用表测试时不能正确读取测试值。图1-28所示为万用表的外观。

4．尖嘴钳

尖嘴钳在组装电脑的过程中作用不大，但有时可以用来取下机箱后面的挡板或者代替镊子来夹取机箱中的小物件。图1-29所示为尖嘴钳的外观。

图1-28　万用表

图1-29　尖嘴钳

提示：

> 除了电脑的组装需要用到这些工具外，在对电脑进行维护时也会用到，并且还会用到清洁剂、吹风机和刷子等为电脑除尘。

1.3.2　拆开机箱查看内部结构

为使读者对电脑硬件有更深的认识，对电脑硬件之间的位置关系更加了解，下面将拆开机箱，查看其内部结构。

1．拆开机箱

拆开机箱，主要操作就是打开机箱的侧面板，操作步骤如下：

（1）关闭电源，取下与机箱连接的各种线，拧下机箱后面的4颗固定螺丝，如图1-30所示。

（2）用手扣住机箱侧面板的凹处往外拉就可以打开机箱的侧面板，如图1-31所示。

图1-30　拧下固定螺丝

图1-31　打开机箱侧面板

2. 查看机箱内部结构

打开机箱侧面板后将看到机箱的内部结构，如图 1-32 所示。在图中可观察机箱内部的电源、内存、硬盘和主板等设备所在的位置。

图 1-32　电脑机箱内部结构

提示：

不同的机箱侧面板固定的螺丝有所不同，一些机箱侧面板的固定螺丝是向上凸起的，可以直接用手将固定螺丝拧下即可，但凹进去的螺丝则需要用螺丝刀进行拆卸。

1.4　练习与提高

（1）如图 1-33 所示为一台普通台式电脑的外观，指出各部分的名称并分清哪些属于输出设备。

图 1-33　普通台式电脑

（2）观察哪些机箱不能直接用手拧开，然后使用螺丝刀将该机箱侧面板的螺丝拧开，取下侧面板，练习拆开该类机箱的方法。

提示：一些机箱侧面板的螺丝是可以直接用手拧开的，对于这种主机箱则不使用螺丝刀。

（3）如图 1-34 所示为机箱的内部结构，指出各部分的名称及其作用。

图 1-34　机箱内部结构

提示：在打开机箱时借助工具，可快速地打开并防止对设备造成损坏。

（4）打开主机箱就可以直观地查看电脑各部件所处的位置以及外观和各种连线。

　电脑发展过程和组成电脑的各部分配件总结

本章主要介绍了电脑的发展过程和组成电脑的各部分配件，总结为以下几点。

➥ 在了解电脑发展史的同时对电脑有一个初步的认识。

➥ 在认识电脑的组成部分时，还需要了解其主要作用，这样有助于在组装电脑时游刃有余。

➥ 组装电脑需用到一些工具，在拆卸电脑或组装电脑时灵活地运用这些工具有利于提高工作效率。

➥ 对电脑有一个基本的认识，包括外观、组成、主要硬件和外部硬件设备，为电脑的选购、组装及维护打下基础。

第 2 章 电脑的身躯——主板

学习目标

- ☑ 认识主板并了解主板的结构
- ☑ 认识主板的核心部分——芯片组
- ☑ 了解主板的各种分类方法
- ☑ 了解主板的性能指标
- ☑ 根据需求、性价比、服务以及做工和用料选购合适的主板
- ☑ 了解目前市场上的主流主板

目标任务&项目案例

主板的外观

主板的核心——芯片

微星 H55M-P31

查看主板最新信息

在选购电脑的过程中，主板的选择最为关键。主板是电脑中最重要的部件之一，它起着连接设备的作用，主板的英文名称为 Main Board，又称 Mother Board（母板）或 System Board（系统板）。主板的性能和稳定性影响着整个电脑的工作状态。本章将介绍主板的结构、主板的芯片组、性能指标以及选购主板时需要注意的问题，为用户在购买电脑时提供参考，使读者能够购买到最适合电脑的主板。

2.1 认识主板

主板是电脑的重要组成部分之一，通过它可以将其他的硬件设备连接起来组成电脑的硬件系统，因此，认识并了解主板的各组成部分的作用非常必要，下面对主板的知识进行讲解。

2.1.1 主板结构

主板是电脑的主体躯干，通过它才能将各种设备紧密地连接在一起，使它们能够相互传递信息，CPU 也只有通过它才能发号施令。电脑能否正常、稳定、快速地运行，关键在于主板，它就像个音乐指挥家，各部件能否协调一致地工作就要看主板这个"指挥家"是否"指挥"得好。

其实主板就是一块电路板，为电脑中其他部件提供插槽和接口，如 CPU、内存、显卡、声卡、硬盘和光驱等部件都是通过各种不同的插槽连接在主板上并进行相互通信，如图 2-1 所示为主板的结构图。

PCI 插槽
AGP 插槽
北桥芯片
CMOS 电池
南桥芯片
SATA 接口
CPU 电源插槽
CPU 插槽
内存插槽
BIOS 芯片
电源插座

图 2-1 主板结构图

1. CPU 插槽

CPU 需要通过某个接口与主板连接才能进行工作，CPU 插槽是用来连接 CPU 与主板的关键部件。目前多数的 CPU 插槽都采用 Socket（插孔）接口，对应到主板上就有相应的插槽类型。不同类型的 CPU 具有不同的 CPU 插槽，因此，选择 CPU 时，就必须选择带有与之对应插槽类型的主板。主板 CPU 插槽类型不同，在插孔数、体积、形状都有变化，所以不能相互接插。

2．主板芯片

主板芯片组是主板的核心组成部分，按照其在主板上分布的位置不同，常常分为北桥（North Bridge）芯片和南桥（South Bridge）芯片，如图 2-2 所示。南北桥芯片是主板的灵魂，其好坏是评判主板性能的重要标准。

- 北桥芯片：南北桥芯片以北桥芯片为核心，北桥芯片是各种总线的连接器，连接了 CPU 前端总线、内存总线、PCI 总线和 AGP 总线等，并且整合了内存控制器，有的芯片还具有 ECC 纠错等功能。
- 南桥芯片：南桥芯片则提供了对各种输入/输出设备及外设的支持，其中整合了 KBC（键盘控制器）、RTC（实时时钟控制器）、DMA（数据传输方式控制器）和 ACPI（高级能源管理）等。

图 2-2　南北桥芯片

3．BIOS 芯片和 CMOS 电池

BIOS 芯片是一块方块状的存储器，其中存有与该主板搭配的基本输入/输出系统程序，能够让主板识别各种硬件，还可以设置引导系统的设备，调整 CPU 外频等。信息是可以重新写入的，这一方面会使主板遭受诸如 CIH 病毒的袭击；另一方面也方便用户不断地从 Internet 上下载并更新 BIOS 的版本，来获取更好的性能及对电脑硬件的支持。

CMOS 电池主要用于提供电源给 CMOS 电路来保持主板的基本配置信息，其形状很像一个"钮扣"。电池型号一般为 CR2032，如果 CMOS 电池缺电，那么主板的相关设置信息将会丢失，如图 2-3 所示。

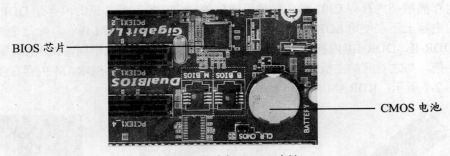

图 2-3　BIOS 芯片与 CMOS 电池

4．其他扩展插槽和接口

主板上有很多插槽和接口用于连接用户电脑的其他硬件设备，下面就介绍几种常用的。

（1）IDE 接口

IDE 的英文全称为 Integrated Drive Electronics，即"电子集成驱动器"，它将盘体与控制器集成在一起，减少了硬盘接口的电缆数目和长度，数据传输的可靠性得到了增强，硬盘制造起来变得更容易，因此硬盘生产厂商不需要再担心自己生产的硬盘是否与其他厂商生产的控制器兼容。对用户而言，硬盘安装起来也更为方便。IDE 接口技术从诞生至今就一直在不断地发展，性能也在不断地提高，其具有价格低廉、兼容性强的特点，造就了其他类型硬盘无法替代的地位。

IDE 代表着硬盘的一种类型，但在实际应用中，人们也习惯用 IDE 来称呼最早出现的 IDE 类型硬盘 ATA-1，但这种类型的接口随着接口技术的发展已被淘汰，但其后发展分支出更多类型的硬盘接口，如 ATA、Ultra ATA、DMA、Ultra DMA 等接口都属于 IDE 类型，如图 2-4 所示。

（2）S-ATA 接口

S-ATA 是 Serial ATA 的缩写，即串行 ATA，如图 2-5 所示。这是一种完全不同于并行 ATA 的新型硬盘接口类型，因采用串行方式传输数据而得名。S-ATA 总线使用嵌入式时钟信号，具备了更强的纠错能力，与以往相比其最大的区别在于能对传输指令（不仅仅是数据）进行检查，如果发现错误会自动矫正，这在很大程度上提高了数据传输的准确性。串行接口还具有结构简单、支持热插拔的优点。

S-ATA300 属于 S-ATA 接口传输规范，IDE 接口的传输规范有 Ultra ATA 100 等。

图 2-4　IDE 接口

图 2-5　S-ATA 接口

（3）内存插槽

内存插槽是内存与 CPU 和各种外设通信的接口。目前最常见的内存是 DDR-SDRAM，较旧的电脑上还在使用 SDRAM 内存、少数电脑还使用 RDRAM 内存，除此之外，还有较新的 DDR-II、DDR-III 内存等。不同的内存采用的内存接口也不同，SDRAM 内存有 168 根金手指，与之对应的主板插槽如图 2-6 所示；184 线的 DDR-SDRAM 内存在主板上的插槽如图 2-7 所示；RDRAM 内存插槽如图 2-8 所示。

图 2-6　SDRAM 内存条插槽　　图 2-7　DDR-SDRAM 内存条插槽　　图 2-8　RDRAM 内存条插槽

（4）AGP 插槽

AGP（Accelerated Graphics Port，加速图形端口）是将图形加速卡连接到主板上的接口，如图 2-9 所示。AGP 插槽可以让显示芯片和内存直接交换图形数据流。AGP 接口标准有 4 种：AGP 1X、AGP 2X、AGP 4X 和 AGP 8X，不同标准的显卡插槽各不相同，且显卡的工作电压也不同，因此在选择显卡时必须要与之相对应，否则就会烧毁显卡。不过现在有许多主板都支持 AGP 2X/AGP 4X 自适应或 AGP 4X/AGP 8X 自适应，即一种插槽可以插两种不同标准的显卡。许多主板为了方便用户使用，在 AGP 插槽的末端增加了一个卡子，当显卡插入后，可以被卡住而不易脱落。

（5）PCI 插槽

PCI 周边元件扩展接口是一种电脑功能扩展接口，如图 2-10 所示。其工作频率为 33MHz，数据位宽为 32bit，因此其传输率为 33MHz/s×32bit÷8bit/B=132MB/s。还有一种较老的 ISA 扩展接口，现已被淘汰。在 PCI 插槽上可以安装 PCI 声卡、网卡和 SCSI 卡等。

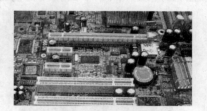

图 2-9　AGP 插槽　　　　　　　　　　图 2-10　PCI 插槽

由 Intel 等多家厂商联合推出的新一代扩展接口——PCI-Express（简称 PCI-E）。该接口采用串行传输的方式，与 S-ATA 类似，PCI-E 规格支持双向数据传输，最低的 PCI- Ex1 每项数据传输带宽都高达 250MB/s，足以应付声卡、网卡和存储设备对数据传输带宽的需求。而 PCI-E 显卡接口则采用 PCI-Ex16 规格，其单向传输带宽为 16×250MB/s=4GB/s，未来的显卡都将采用该接口，如图 2-10 所示的主板就已不再使用 AGP 插槽。

5．连接外部设备的接口

主板还有多种外部接口，如图 2-11 所示，用于连接键盘、鼠标的 PS/2 接口；用于连接打印机的并行接口；用于连接外置 Modem 或老式鼠标等设备的串行接口；还有新型的 USB 接口，可连接各种 USB 外设，如 USB 鼠标、移动硬盘、USB 键盘、USB 网卡、扫描仪等；另外有的主板还整合了声卡、网卡等功能，因而还有声卡接口和网卡接口。

图 2-11　连接外部设备的接口

📢提示：

> 有些主板上还保留着 IDE 插槽，其主要功能是连接使用 IDE 接口的硬盘或光驱，其数据传输速度没有 S-ATA 插槽快，而且不能在电脑使用过程中进行热插拔。

2.1.2 主板芯片组产品介绍

主板芯片是主板的灵魂，它决定了主板的功能，并影响着整个电脑系统性能的发挥。主板芯片提供了 CPU 与各种设备之间的数据交换通道，根据 CPU 的不同，支持它的主板芯片也各不相同。CPU 生产商 Intel 和 AMD 都生产支持自己 CPU 的主板芯片组。此外，NVIDIA、矽统（SIS）等也是主板芯片组的主要厂商，下面分别对其进行介绍。

1．Intel 公司主板芯片组

Intel 公司是世界上最大的 CPU 制造商，同时也是最大的芯片制造商。如图 2-12 所示为 Intel 公司的芯片组产品。下面将对目前主流的 Intel 芯片组进行介绍。

图 2-12　Intel 芯片组

- 915/925 系列芯片组：我们可以认为是分别对应现有的 865/875 系列芯片组的升级版本。因此 915 芯片组将会一如 i865 系列芯片组一样，有 915P 和 915G 两种，而其后还有 915GV 芯片组，一共是三款。Intel 925X、Intel 915G/P 都具有一系列新功能，例如支持双通道 DDR2 内存、集成新型 GPU Intel GMA 900 能够高速和 GPU 连接的 PCI Express x16 总线、更高保真度的 HD Audio 音频功能、支持 RAID 的 4 个串行 ATA 接口、IEEE 802.11b/g 无线局域网功能等。

- i945/i955X 系列芯片组：都像其前辈一样全面对 PCI Express 提供支持。i945、i955X 都提供一个 PCI Express x16 接口用来直接取代传统的 AGP 图形接口，不过作为顶级解决方案，i955X 也提供了 nForce4 SLI IE 类似的 SLI 解决方案，从目前的技术资料来看，英特尔 i955X Express 芯片组可以提供多达 24 条 PCI Express 信道，但 i955X 主板支持的 SLI 模式将可能采用 16x + 4x 模式，其中 4 条 PCI Express 信道却是由 ICH7 南桥提供，类似于 VIA PT894 PRO 所提供的 SLI 解决方案。我们知道 NVIDIA 的 nForce4 SLI Intel Editon 芯片组最多可以提供 20 条 PCI Express 信道，但是它是采用 x8 + x8 模式支持 SLI，从性能上来说更加理想。

- i975X 芯片组：内建 PCI Express x16 界面，可以让主板厂商设计出双 PCI Express x8 显示卡插槽的主板，来支持 SLI 和交火。Intel 已经与 NVIDIA、ATI 达成授权协议，允许 i975X 用户获取开启 SLI 或交火的驱动程序。i975x 芯片组将定位在高端桌面芯片组市场，万颗批发单价将是 50 美金，和现在的 i955X 芯片组批发单价相当，i975X 芯片组将和 65nm 双核心 Pentium XE 955 处理器同时推出，这种处理器支持 1066MHz FSB，内建 2x2MB 二级缓存。

2. NVIDIA 公司主板芯片组

NVIDIA 公司以前一直生产显示芯片，其 GeForce 系列的显示芯片更是性能不凡、表现出众。不过 NVIDIA 公司却并不满足，进一步加入到开发主板芯片的行列，由于其在显示芯片上的技术功底，使其主板芯片的表现也非常令人满意。NVIDIA 公司的主板芯片侧重于对 AMD 公司 CPU 的支持，主要有 nForce 4、nForce 6 和 nForce7 等，如图 2-13 所示。下面将对目前主流的 NVIDIA 芯片组进行介绍。

图 2-13　NVIDIA 芯片组

- nForce 4 芯片组：nForce 4 芯片组共分为了三个版本，即：nForce 4、nForce 4 Ultra，还有更加吸引人的 nForce 4 SLI。所有版本的 nForce 4 芯片组都将支持 20-lane 的 PCI Express 总线规格，依据目标市场的不同，nForce 4 的 3 个成员又有各自不同的特性。nForce 4 系列芯片组造就了 K8 时代的辉煌，也让 NVIDIA 在主板芯片组领域完成由厂商到巨头的转变。同时，由于产品过于成功，才出现 nForce 4 系列芯片组后来换名为 nForce 5 芯片组的事件。
- nForce 6 芯片组：nForce 6 芯片组呈现了 NVIDIA 在主板芯片组策略的转变，不过，和其在 AMD 平台芯片组成熟有效的市场策略相比，NVIDIA nForce 6 系列芯片组在 Intel 平台芯片组的策略仍然相差甚远。
- nForce 7 芯片组：包括 4 个型号，分别是 790i Ultra SLI、790i SLI、780i SLI 和 750i SLI，它们均能支持包括 Yorkfield 四核和 Wolfdale 双核在内的 45nm 的 Penryn 处理器，同时在 FSB 和内存频率上的支持参数上，前两者最大支持 FSB1600MHz，后两者最大支持 FSB1333MHz。此外，超级玩家系统架构（ESA）和 SLI-Ready Memory with EPP 技术会出现在 780i SLI 中而不会出现在 750i SLI 中。最后值得注意的是前三者是迄今为止首款支持三路 16×SLI（其中两路 PCI-E 16×插槽为 2.0 规范，另一路为 1.0 规范）系统的主板。

NVIDIA 公司的主板芯片没有分南北桥，由同一块芯片完成传统主板两块芯片的功能。

3. 矽统（SIS）公司主板芯片组

矽统（SIS）公司也是生产主板芯片组中资历较老的厂商，其主板芯片一直以针对低端用户且性价比高而著称。矽统公司也有两大系列芯片组：一种支持 AMD Athlon 处理器的 SIS 735、SIS 745、SIS 756 等；另一种支持 Intel Pentium 4 处理器的 SIS 645DX、SIS 648、

SIS 648FX、SIS 656 等，如图 2-14 所示。

图 2-14　矽统（SIS）芯片组

（1）支持 AMD 处理器的芯片组

支持 AMD 处理器的芯片组主要有 SIS 745、SIS 748、SIS 755、SIS 756 等，下面将分别进行介绍。

- ➥ **SIS 745 芯片组**：和 SIS 735 一样采用单芯片结构，即开放型构架，与 SIS 740 等产品使用传统分离的南北桥构架不同。它支持 Socket 462 接口的 Athlon XP 处理器，支持 DDR 333MHz 内存和 AGP 8X 显卡。

- ➥ **SIS 748 芯片组**：支持前端总线为 400MHz，Barton 核心的 Athlon XP 处理器，支持单通道 DDR 400MHz 内存，支持 AGP 8X 接口、USB 2.0 接口和 S-ATA 接口。

- ➥ **SIS 755 芯片组**：支持最新的 Athlon 64 位处理器，并采用了 Hyper Transport 总线技术，其传输带宽高达 6.4GB/s，支持 P-ATA 133 和 S-ATA 接口以及 Raid 磁盘阵列，集成了声卡和网卡，同时整合了 Ultra 256 显卡。

- ➥ **SIS 756 芯片组**：是矽统公司首款支持 PCI Express 技术和支持 Athlon 64 位处理器的芯片组，它提供了一个 PCI Express x16 插槽，数据传输速率高达 8GB/s，支持双通道 DDR2 667/DDR400 内存，提供了 4 个 S-ATA 接口，支持 Raid 磁盘阵列，还集成了声卡和网卡，但是去掉了显示芯片。

（2）支持 Intel 处理器的芯片组

支持 Intel 处理器的芯片组有 SIS 645（DX）、SIS 648、SIS 656 等。

- ➥ **SIS 645（DX）**：是第一代支持 Pentium 4 芯片组 SIS 645 的改进版，支持 533MHz 前端总线，正式支持 DDR 333MHz 内存，其性能有很大的提升，稳定性与兼容性也很好，性价比非常突出，适合追求高性价比的用户。

- ➥ **SIS 648 芯片组**：是由 SIS 645DX 芯片组改进而来，增加了对 AGP 8X 的支持。SIS 648FX 芯片组功能与 SIS 648 相当，主要是矽统公司在其中加入了对 800MHz 前端总线的 Pentium 4 处理器的支持，并支持 DDR 400MHz 内存。

- ➥ **SIS 656 芯片组**：支持采用 LGA 775 接口的 Pentium 4 和 Celeron D 处理器，支持较新的 PCI Express 技术，可提供一条 PCI-Ex16 插槽，支持双通道 DDR 400MHz 和 DDR2 667/533MHz 内存。

🔊提示：

通常某一系列的 CPU 产品停产后，支持该系列的主板也会逐渐退出市场，主板的芯片组通常会随着新一代 CPU 的出现而不断发展。

2.1.3 主板的功能

在主板上用户能够看见安装了 BIOS 芯片、I/O 控制芯片、键盘与面板控制开关接口、主板及外接插入卡的直流电源供电接插件以及主要控制和扩充插槽等元件，由此可以看出，主板的主要功能是为电脑中其他部件提供插槽和接口，电脑通过这些插槽和接口将主板直接或间接的连接组成了一个能使电脑进行相关操作的系统平台。

2.1.4 主板的分类

可以根据不同的标准将主板分为不同的种类，如按 CPU 的插槽、功能、接口的不同以及 I/O 总线的类型等，下面对主板的分类方法进行简单介绍。

（1）按 CPU 插槽分内

主板所支持的 CPU 类型不同，这是由主板中 CPU 的插槽的不同而决定的，Intel 处理器支持的主板主要有 H67 主板、P67 主板和 LGA 1366 主板等。

AMD CPU 支持的主板主要有 880G 主板、890GX 主板和 890FX 主板等。

同一级的 CPU 往往也还有进一步的划分，如奔腾主板，就有是否支持多能奔腾（P55C、MMX 要求主板内建双电压）、是否支持 Cyrix 6x86、AMD 5k86（都是奔腾级的 CPU，要求主板有更好的散热性）等区别。

（2）按功能分类

主板可按 PnP、节能和无跳线等功能对其进行分类，不同的主板所支持的功能不同，下面将分别对其进行讲解。

- ❧ **PnP 功能**：带有 PnP BIOS 的主板配合 PnP 操作系统（如 Windows 系统）可帮助用户自动配置主机外设，使其能够即插即用。
- ❧ **节能（绿色）功能**：能在用户不使用主机时自动进入等待和休眠状态，一般在开机时有能源之星（Energy Star）标志，能有效降低 CPU 及各部件的功耗。
- ❧ **无跳线主板功能**：可自动识别 CPU 的类型、工作电压等，只需用软件略作调整。但这种类型在组装计算机主板上还很少见，趋于未来的发展方向。

（3）按结构分类

按照主板的尺寸和各种电器元件的布局与排列方式（即主板的结构）分类是最常见的。

- ❧ **ATX 主板**：ATX（AT extended）主板标准。这一标准得到了世界主要主板厂商的支持，目前已经成为最广泛的工业标准。它对主板上元件布局进行了优化，有更好的散热性和集成度，只需要配合专门的 ATX 机箱使用，如图 2-15 所示。
- ❧ **Micro ATX 主板**：Micro ATX 规格被推出的最主要目的是为了降低个人电脑系统的总体成本与减少电脑系统对电源的需求量，其主要特性是更小的主板尺寸、更小的电源供应器，减小主板与电源供应器的尺寸直接反应的就是对于电脑系统的成本下降，如图 2-16 所示。

图 2-15　ATX 主板

图 2-16　Micro ATX 主板

- **BTX 主板**：BTX 主板是英特尔提出的新型主板架构 Balanced Technology Extended 的简称，其特点是支持 Low-profile，即窄板设计，系统结构将更加紧凑，针对散热和气流的运动，对主板的线路布局进行了优化设计，主板的安装将更加简便，机械性能也将经过最优化设计，如图 2-17 所示。

- **Mini-ITX 主板**：是 VIA 推出的一种结构紧凑的主板，设计它是用来支持用于小空间、相对低成本的电脑的，Mini-ITX 主板也可用于制造"瘦客户机"，如图 2-18 所示。

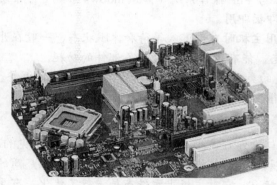

图 2-17　BTX 主板

图 2-18　Mini-ITX 主板

（4）按 I/O 总线的类型分类

这种分类方法主要是基于主板的发展历程进行的，主要有以下几类。

- **ISA**（Industry Standard Architecture）：工业标准体系结构总线。
- **EISA**（Extension Industry Standard Architecture）：扩展标准体系结构总线。
- **MCA**（Micro Channel）：微通道总线。
- **VESA**（Video Electronic Standards Association）：视频电子标准协会局部总线，

简称 VL 总线，过去的 486CPU 的主板多采用这种总线。

➥ PCI（Peripheral Component Interconnect）：外围部件互连局部总线，简称 PCI 总线，而 586CPU 的主板多采用 PCI 总线。

📢提示：

USB（Universal Serial Bus），通用串行总线，俗称"火线（Fire Ware）"。

（5）其他分类方法

下面将介绍其他几种主板的分类方法。

➥ 按主板的结构特点分类还可分为基于 CPU 的主板、基于适配电路的主板和一体化主板等类型，基于 CPU 的一体化的主板是目前较佳的选择。

➥ 按印制电路板的工艺分类可分为双层结构板、四层结构板和六层结构板等，目前以四层结构板的产品为主。

➥ 按元件安装和焊接工艺分类可分为表面安装焊接工艺板和 DIP 传统工艺板。

2.2　选购主板

2.2.1　主板的性能指标

主板所采用的芯片组是衡量其性能的重要指标，采用相同芯片组但种类不同的主板价格却相差很大，这究竟是什么原因在左右主板的价格呢？精明的商家是怎样变魔法的呢？前面介绍了主板的核心——芯片组，下面就来介绍其他主板性能指标。

1．图形加速接口

图像加速接口的选择直接影响电脑的显示效果。下面介绍两种图像加速接口。

（1）AGP 图形加速接口

AGP 图形加速接口是由 Intel 公司开发的图形总线技术，它可以通过更快的总线速度和系统的主内存作为扩展显存来加速显卡的 3D 处理能力。现在的主流主板都支持 AGP 8X 向下兼容 AGP 4X。

（2）PCI Express x16

PCI Express x16 是基于点对点传输的，每个传输通道独享带宽。PCI Express x16 还支持双向传输模式或数据分路传输模式。PCI Express x16 有助于促使显卡具备更高的高分辨率视频编辑和大纹理处理能力，PCI Express x16 的高带宽将把高清晰视频娱乐真正普及到 PC 中来。

2．支持的内存类型

目前大多数主板都使用 DDR 内存，DDR 内存的速度分很多种，最好选择能支持最快内存的主板。主板生产商通常会列出主板所能支持的内存频率或带宽，DDR 内存从慢到快排列分别为 DDR200（又称 PC1600）、DDR266（又称 PC2100）、DDR333（又称 PC2700）

和 DDR400（又称 PC3200）。

3. 硬盘接口类型

由于目前硬盘的接口有并行接口和串行接口两种，因此不同的主板提供的硬盘接口也可能不同。由于串行接口硬盘性能上还需要不断完善以及价格偏高等因素，因此并行接口的硬盘仍然是市场的主流。

并行接口的硬盘也称 PATA 硬盘，也就是常说的 IDE、ATA/100、ATA/133 硬盘。目前主流的并行 ATA 硬盘仅能支持 ATA/100 和 ATA/133 两种数据传输规范，传输速率最高能达到 100MB/s 或 133MB/s，ATA100 和 ATA133 硬盘均使用 80 线数据线。

串行接口的硬盘也称 SATA 硬盘，采用数据串行传输，在传输率上具有一定的优势。SATA 1.0 标准仍可达到 150MB/s，未来的 SATA 2.0/3.0 更可提升到 300MB/s 甚至 600MB/s。

4. USB 接口、网卡等通信接口

除串行和并行等接口外，现在很多主板提供以太网、USB 2.0 等接口。特别是随着 USB 设备的增多，选择一款有多个 USB 2.0 接口的主板会带来很大的方便。

5. 是否为整合型主板

整合型主板是集成了声卡、显卡，甚至 Modem 和网卡的一种主板，因为整合主板选用了高集成的芯片组，通常集成了声音芯片，这样主板的布局更简洁，制造成本更低，并且很少有兼容性问题发生。

2.2.2 主板的选购指南

选购主板没有什么规律可循，关键是看用户实际的需求。下面从用户的需求、主板的质量和服务、性能价格比等方面对主板的选购进行分析。

1. 注重需求

电脑作为一种电子商品，购买它的目的是为了满足使用的需要，由于电脑硬件发展速度较快，新产品层出不穷，因此在选购电脑时应注意按需购买，买电脑如此，买主板也是如此。对于普通用户来说，主板只要具备基本功能就可以，而像用于服务器的 Raid 磁盘阵列功能、工作站的高速 SCSI 接口等都可不予考虑，用户也不必为这些用不着的功能付费。

2. 注重主板的质量和服务

现在，生产主板的厂家越来越多，为了开拓市场，许多厂商不惜以牺牲主板质量为代价推出超低价主板。在使用过程中，这些主板的性能和寿命都大打折扣，消费者花了钱，却换来低劣的产品，严重损害了消费者的权益，同时，也为即将购买电脑的用户造成了担忧，怕买到劣质品。因此，在购买时，不必选择功能多而用不着的高价主板，也不要为贪图便宜购买低价的劣质主板。

此外，选择主板时还要注意其售后服务，售后服务一般都和主板的价格直接挂钩，售后服务时间长的主板都较贵，而售后服务时间短的主板都较便宜。

3．注重性价比

其实，性能和价格一直以来都是一对不可调和的矛盾体，性能好，则价格高；价格低，则性能差。不过在提供相同功能的条件下，我们都愿意选择价格低的主板，也就是高性价比的产品。一般购买主板时不要追求新产品，新发布的产品价格最高，性价比低，一定要选择在市场上成熟了的产品，这样才能获得较高的性价比。

4．注重主板的做工和用料

优质主板的做工和用料上与普通主板有很大的区别。通常，主板的做工和用料很大程度上影响着主板的性能，下面分别对其进行讲解。

（1）主板的做工

判断主板做工的好坏可以首先观察元件的焊接是否精致、光滑，元件的排列是否整齐、有规律等。做工较差的主板其元件的焊接点一般都很粗糙，元件排列歪歪斜斜，有的甚至偏出了主板上的焊接点。其次看 CPU 底座、内存条插槽以及各种扩展插槽是否松动，能否使各配件固定牢靠。例如，主板的电容元件与主板之间是相互接触、看不到焊接脚的，不过有的主板却令电容斜插在主板上，一边的焊脚露出很长一截，这样不但容易使主板在运行过程中产生故障，而且也容易让用户将其撞弯甚至折断。

（2）主板的用料

要判断主板用料的好坏，首先得了解主板上各种元件的特性，并了解这些元件的等级划分和使用范围，以及生产这些元件的厂家。在主板上使用最多的元件是电阻和电容，下面将分别对其进行介绍：

- **电阻**：主板上的电阻主要分为贴片电阻、热敏电阻和贴片电阻阵列等。
- **电容**：在主板的电容中以 CPU 供电的电容最为关键。主板上常见的电容主要分为小型贴片电容、固体钽电容和小型铝电解电容等。

2.2.3　应用举例——主流主板产品

主板市场上的品牌很多，目前市场上的主板有高、中、低端之分，其分类的标准代表市场上的认可度，下面将分别对其进行讲解。

1．高端主板

高端主板适用于对电脑扩展功能要求较高的人群，下面介绍两款华硕高端主板产品。

- **华硕 Crosshair IV Formula**：该主板采用 AMD 最顶级的 890FX+SB850 芯片组，支持 HT 3.0 总线技术，支持 AM3 接口系列处理器，同时提供了红黑两色共 4 条 DDR3 内存插槽，支持双通道 DDR3 1600(OC)/1333/1066 内存，最大支持 16GB 容量，内存部分还提供了独立供电，如图 2-19 所示。
- **华硕 P7P55D-E Premium**：该主板采用 P55 主板上通用的蓝黑色调，主板 PCB 纯黑色打造，彰显高端风范。产品采用 Intel P55 主板芯片组，支持 LGA 1156 的 Core i5、Core i7 处理器，如图 2-20 所示。

图 2-19 华硕 Crosshair IV Formula

图 2-20 华硕 P7P55D-E Premium

2. 中端主板

中端主板适用于普通人群，下面介绍两款微星中端主板产品。

- 微星 H55M-P31：该主板供电部分采用 4+1 相分离式供电设计，同时搭配有固态电容以及封闭式电感，整体供电有着相当不错的稳定性，同时搭配微星独创的 APS 动态节能技术，如图 2-21 所示。

- 微星 770T-C35：该主板提供了一条 PCI-E 2.0 X16 显卡插槽，支持 PCI Express 2.0 规范，但并不支持多卡平台的组建。内置了一个超频切换装置，通过调整设置可以将 CPU FSB 外频速度分别增加 10%、15% 与 20%，并且硬件开关可以在出现超频失败时手动切换默认设置来恢复默认 FSB，如图 2-22 所示。

图 2-21 微星 H55M-P31

图 2-22 微星 770T-C35

3. 低端主板

低端主板适用于对电脑使用单一且简单的人群，下面介绍两款技嘉低端主板产品。

- 技嘉 GA-P55M-UD2：该主板隶属于超耐久三代系列，设计同样非常紧凑，充满了典型的技嘉风格，当然也有一些缺点，如 MOSFET 供电区域没有配备散热片，古老的软驱接口，风扇接头也只有两个，如图 2-23 所示。

- 技嘉 GA-MA770-DS3：该主板采用 AMD770X(RX780)+SB600 芯片组设计，支持 AM2+及 AM2 插槽的 AMD Phenom 及 Athlon64 FX/Athlon64X2 系列处理器。虽然不及 DQ 系列那么豪华，但仍属于 Ultra Durable 系列，而且全固态电容也是不

错的配置，如图 2-24 所示。

图 2-23　技嘉 GA-P55M-UD2

图 2-24　技嘉 GA-MA770-DS3

2.3　上机及项目实训

2.3.1　在太平洋电脑网浏览相关主板信息

本练习将引导大家在太平洋电脑网上浏览主板的相关信息，如图 2-25 所示为最新的主板消息。要完成这个练习首先要进入太平洋电脑网（www.pconline.com.cn），再根据页面中的导航找到要浏览的主板页面。

图 2-25　最新主板消息

在太平洋电脑网浏览主板信息，操作步骤如下：

（1）打开 IE 浏览器，在地址栏输入 www.pconline.com.cn，按 Enter 键进入太平洋电脑网主页面，如图 2-26 所示。

（2）单击导航栏中的"主板"选项卡，打开主板信息窗口，如图 2-27 所示。

（3）在窗口中可单击任意超级链接浏览其对应信息。

提示：

目前市场上的高端主板研发商主要包括华硕（ASUS）、微星（MSI）和技嘉（GIGABYTE）。其特点是研发能力强、推出新品速度快、产品线齐全、高端产品质量非常过硬、市场认可度比较高。

图 2-26　太平洋电脑网　　　　　　　　　　图 2-27　主板信息

2.3.2　拆卸机箱并查看主板的构成

通过本章和前面所学知识，将电脑的主机箱侧面板拆卸取下，即可观察主板的各组成部分和型号，通过在网上查阅即可了解其性能，如图 2-28 所示。

图 2-28　主板

主要操作步骤如下：

（1）使用螺丝刀取下主机的侧面板，查看主板的构成。

（2）了解主板的主要组成部分的型号并判断其厂家。

（3）在太平洋电脑网中查找主板芯片等信息，进一步了解主板的组成部分及其作用，为主板的选购积累更加丰富的经验。

2.4　练习与提高

（1）在主板上观察插槽和插座的主要组成部分。

（2）了解北桥芯片和南桥芯片的具体作用。

（3）在网上查看如图 2-29 所示（华硕 P5LD2 SE/C 主板）和如图 2-30 所示（微星 945GCM5 主板）的资料，了解其各项性能指标。

（4）搜集一些判断其他假冒主板的文章，了解这些假冒主板所存在的共同点。

图 2-29　华硕 P5LD2 SE/C 主板

图 2-30　微星 945GCM5 主板

 选购主板的注意事项

　　本章主要介绍了主板的芯片组、接口、插座、插槽和 BIOS 芯片及 CMOS 电池，由此我们可以了解到，主板是电脑硬件中最主要的部件之一。电脑的整体性能是否稳定、是否能有效地发挥作用，主板的优劣将起到决定性的作用。因此，在选购主板时应该注意以下几点。

　　➥　通过本章的学习可以了解到大部分的主板结构基本上都是相同的，只是在主板上集成的芯片有所不同，另外主板上插槽和接口的位置也会有所不同。

　　➥　了解主板和部分部件的功能，根据用户的需求选择合适的型号部件，有效地发挥电脑的性能。

　　➥　了解主板的分类，根据不同种类主板用途的不同合理选择。

　　➥　在选购主板时，需注意自身需求、主板的质量和服务、性能价格比等方面的因素，不能盲目地进行选择。

第 3 章　电脑的数据处理中心——CPU

学习目标

- ☑ 了解 CPU 的发展史
- ☑ 认识 Intel CPU 和 AMD CPU
- ☑ 了解 CPU 的性能指标
- ☑ 根据需求合理选购 CPU
- ☑ 了解目前市场上的主流 CPU

目标任务&项目案例

Intel CPU

AMD CPU

Intel(R) Processor Frequency ID Utility

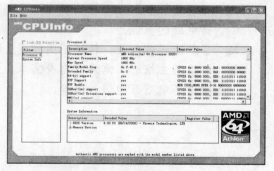

AMD CPU Info

　　CPU 在电脑中具有重要的地位和作用，因此在选购电脑时，CPU 是非常关键的。本章从电脑微处理器的发展史开始讲解，介绍两大处理器厂商生产的 CPU，以及辨别 CPU 的方法，让用户对 CPU 有一个全面的认识，以便在选购时能做出正确的判断。

3.1　认识 CPU

CPU 是整个电脑的核心部件之一，负责电脑系统中数据的运算及处理，它在很大程度上决定了电脑系统的运行速度及效率。下面介绍其发展过程及其分类。

3.1.1　CPU 的发展史

1971 年世界上第一款微处理器 4004 诞生，距今已有四十余年历史。此后，微处理器一直按照"摩尔定律"发展着，目前的微处理器最高运行频率已超过 3GHz。CPU 最初每秒只能运算几千次且只能进行加减乘除单一功能的运算，目前却已达到每秒几十亿次的运算速度，并且一次就能完成一条多媒体指令，使其除了单一的运算功能外，还能进行多媒体处理。

1．第一款微处理器的诞生

1971 年，Intel 公司发布了世界上第一款微处理器 4004，它能同时并行处理 4 位数据，其中包含 2300 个晶体管，随后 Intel 又推出了 8 位微处理器 8008。1974 年，8008 微处理器升级为 8080，并成为第二代微处理器的代表，8080 主要被作为电子逻辑电路元件，广泛应用于各种应用电路和设备中。

2．个人电脑风靡全球

1979 年，Intel 公司又开发出了 8088，如图 3-1 所示。8088 也具有并行处理 16 位数据的能力，其中集成了大约 29000 个晶体管，工作频率可达 6.66MHz、7.16MHz 和 8MHz。

1981 年，美国 IBM 公司在其研制的个人电脑（PC）中采用了 8088，从此，个人电脑开始风靡全球，开创了电脑的个人时代，电脑开始走进人们的工作和生活。

1982 年，Intel 公司在 8086 微处理器的基础上开发出了 80286，如图 3-2 所示。它集成了大约 130000 个晶体管，其运行频率最高可达 20MHz。但它仍然只是 16 位的处理器。

图 3-1　8088 微处理器　　　　　　图 3-2　80286 微处理器

1985 年 10 月 17 日，Intel 公司发布了业界第一款 32 位的微处理器 80386，如图 3-3 所示。它包含 27.5 万个晶体管，其最低运行频率为 12.5MHz；后来频率逐渐达到 20MHz、25MHz、33MHz，甚至 40MHz。

1989 年，Intel 公司经过四年开发研制出了 80486，如图 3-4 所示，它突破了 100 万个晶体管的界限，其中集成了 120 万个晶体管，并采用 1μm 的制造工艺，运行频率提高到了 33MHz、40MHz、50MHz。此外，80486 较 80386 有较大的改进，首先表现为 80486 在 80386

的基础上集成了 80387 协处理器（具有浮点运算功能），大大提高了处理器的运算能力；其次，80486 还集成了 8KB 的高速缓存（Cache），使处理器的性能大为提升。

图 3-3   80386 微处理器   图 3-4   80486 微处理器

3. "奔腾"时代

1993 年，Intel 推出新一代微处理器 586，如图 3-5 所示。为了进行商标注册以及与其他公司的处理器相区别，于是将其命名为 Pentium（中文名为"奔腾"），Pentium 在拉丁文里面的意思就是"五"。与此同时，AMD 和 Cyrix 两大芯片公司也分别推出了 K5 和 6x86 微处理器，如图 3-6 所示为 AMD 公司的 K5 微处理器。欲与 Intel 的 Pentium 处理器抗衡，不过这两款微处理器的性能欠佳，Intel 渐渐占据了大部分市场。

图 3-5   Pentium 微处理器   图 3-6   K5 微处理器

1997 年 5 月，Intel 发布了第二代奔腾处理器 Pentium II，如图 3-7 所示。该处理器采用 Klamath 核心，0.35μm 工艺制造，内部集成 750 万个晶体管，核心工作电压为 2.8V，采用了 Solt 1 架构。为了争夺高端服务器市场，Intel 于 1999 年发布了 Pentium II-Xeon（至强）系列处理器，如图 3-8 所示，它最多可支持 8 个 CPU 协同工作。

图 3-7   Pentium II 微处理器   图 3-8   Pentium II-Xeon 处理器

为了与 AMD 和 Cyrix 公司争夺低端市场，Intel 推出了性价比极高的 Celeron（赛扬）处理器，它是 Pentium II 处理器的简化版，其外频为 66MHz，而 Pentium II 的外频为 100Hz。从此，Intel 的 Pentium-Xeon 系列、Pentium 系列和 Celeron 系列组成了"高中低"立体的产品结构，牢牢占据着 CPU 市场"龙头老大"的位置。

4．频率的竞赛

1999 年初，Intel 发布了第三代奔腾处理器 Pentium III，如图 3-9 所示，它采用了 Katmai 内核，主频达到了 450MHz 和 500MHz，并在 Pentium II 处理器 MMX 指令集的基础上加入了 SSE 的多媒体指令集（共 70 条）。不久，Intel 发布了 Coppermine 核心的 Pentium III，如图 3-10 所示，其最高频率可达 1.13GHz，并采用了 Socket 370 架构。

图 3-9　Katmai 内核的 Pentium III　　　　　　图 3-10　Coppermine 核心的 Pentium III

与此同时，采用 Coppermine 核心的第二代 Celeron 处理器也新鲜出炉了，如图 3-11 所示，由于其采用了 0.18μm 的制造工艺，使其性能和超频能力都大有提高。

2000 年 11 月，Intel 发布了第四代奔腾处理器 Pentium 4，如图 3-12 所示，它采用了全新的设计，核心代号为 Willamette，采用 Socket 423 接口，支持 SSE2 指令集，其最低频率为 1.3GHz，最高频率可达 2GHz。

图 3-11　第二代 Celeron 处理器　　　　　　　图 3-12　Pentium 4 处理器

与此同时，Intel 公司的强大对手 AMD 公司也开发出了 K7 处理器，即 Athlon，如图 3-13 所示。最初的 Athlon 采用 Tunderbird 核心，使用了 0.18μm 制造工艺，其最高频率一直高于同期的 Pentium III，整体性能也高于同频的 Pentium III。

当 Pentium 4 发布之后，Athlon 开始在频率上落后于对手，因此 AMD 又发布了 Palomino 核心的 Athlon 处理器，并采用了新的频率标称制度，名字也改为 Athlon XP。如 Athlon XP 1700+是指相当于 Pentium 4 频率为 1.7GHz 的性能，这是根据公式换算而来，其实际频率为 1.47GHz。此外，在 Athlon XP 处理器中还加入了 Intel 的 SSE 指令集，使其性能有了进一步的提升。

为了与 Intel 的 Celeron 处理器争夺低端市场，AMD 公司推出了面向低端市场的 Athlon 简化版——Duron，如图 3-14 所示。Duron 一直以较高的性价比著称，是 Celeron 处理器无法比拟的，但是它与 Athlon 一样有一个致命弱点，即发热量非常大，因此其散热问题一直左右着用户的选择。

图 3-13　Athlon 处理器

图 3-14　Duron 处理器

Intel 推出的 Pentium 4，其性能并没有预期那样有较大幅度的提升。在 2001 年，Intel 又推出了 Northwood 核心的 Pentium 4 处理器，采用了更先进的 0.13μm 制造工艺，新处理器采用了 Socket 478 接口，如图 3-15 所示。

为了应对 Intel 的强大压力，AMD 公司一直不断地改进 Athlon XP 的核心和制造工艺，由最初的 Pluto 核心发展到 Thunderbird、Thoroughbred 及 Barton 核心，其中 Barton 核心最引人注目，如图 3-16 所示，其最高频率不过 2.2GHz，却打败了频率达 3GHz 的 Pentium 4。这主要得力于 Athlon XP 加大了 L2 Cache，其全速 L2 Cache 达到了 512KB。

图 3-15　Northwood 核心的 Pentium 4

图 3-16　Barton 核心的 Athlon XP

5．CPU 的发展趋势

2003 年，AMD 公司领先一步推出了具有 64 位处理能力的 Athlon 64 处理器，如图 3-17 所示。它不仅支持 64 位代码，还提供了对 32 位代码和 16 位代码的兼容，有超过 4GB 的内存寻址能力，内置了内存控制器，可以极大地降低数据的收发延迟，缩短读写请求的反应时间，CPU 的性能也因此得到极大的提升。2005 年，Intel 公司随后也推出了 64 位处理器。

为了增强 CPU 的功能，Intel 和 AMD 又研发出了双核心和多核心的处理器，如图 3-18 所示，至此，CPU 进入了多核心时代。

图 3-17　Athlon 64 处理器

图 3-18　多核心处理器

3.1.2　CPU 的分类

目前，在个人电脑上采用的 CPU 主要由 Intel 和 AMD 两大公司生产。Intel 公司的 Pentium 系列处理器一向以速度快、发热量小、运行稳定等特点在微型电脑领域占据着首要位置，当前其市场上的主流产品是 Core 系列。

1．Intel 处理器

Interl 公司生产的 CPU 在微型电脑领域占据着重要的地位。下面介绍 Intel Core 以及 Intel Celeron 处理器。

（1）Intel Core 处理器

Intel Core i7 是目前 Intel 公司最新推出的一款 45nm 原生四核处理器，如图 3-19 所示。处理器拥有 8MB 三级缓存，支持三通道 DDR3 内存。处理器采用 LGA 1366 针脚设计，支持第二代超线程技术，也就是处理器能以八线程运行。

而从 Intel 技术峰会 2008（IDF2008）上，英特尔展示的情况来看，Core i7 的运算能力在 Core2 Extreme QX9770（3.2GHz）的三倍左右。IDF 上，Intel 工作人员使用一颗 Core i7 3.2GHz 处理器演示了 CineBench R10 多线程渲染，结果很惊人。渲染开始后，四颗核心的八个线程同时开始工作，仅仅 19 秒钟后完整的画面就呈现在了屏幕上，得分超过 4580。

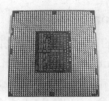

图 3-19　Intel Core i7

（2）Intel Celeron 处理器

Intel 公司的 Pentium 处理器在个人电脑中是较出色的 CPU，但是其高昂价格并不是所有人都能够接受的，多数个人用户不愿花高价购买 Pentium 处理器。也并不是所有用户都需要用到 Pentium 处理器的高性能，为了满足这类用户的需求，Intel 便将原 Pentium 处理器内核进行简化，去掉一半全速二级缓存，这便是 Celeron。Intel 较有名气的 Celeron 处理器有两款，第一代 Celeron A，如图 3-20 所示，第三代图拉丁（Tualatin）Celeron，如图 3-21 所示，前者以超频著称，后者以性能强劲著称。

图 3-20　Celeron A 处理器　　　　图 3-21　图拉丁（Tualatin）Celeron 处理器

2．AMD 的处理器

在 AMD 公司的产品中，K6 系列是已过时并已停产的 CPU 系列，而 K7 系列中的 Athlon、Duron 在一年前市面上几乎已经绝迹，可能在二手市场还能见到。下面介绍 Athlon XP 以及较新的 Sempron 和 Athlon 64。

（1）AMD Athlon 64 处理器

由于 AMD 推出了 4 种核心、2 种工艺、3 种接口的 Athlon 64 位处理器，令人难以仔细分析辨认。

采用 SledgeHammer 核心的 Opteron 250 处理器，如图 3-22 所示；NewCastle 核心的 Athlon 64 3800+处理器，如图 3-23 所示；SledgeHammer 核心的 Athlon 64 FX-53 处理器，如图 3-24 所示。

图 3-22 Opteron 250 处理器   图 3-23 Athlon 64 3800+处理器   图 3-24 Athlon 64 FX-53 处理器

（2）AMD Sempron 处理器

在推出 Athlon 64 的同时，AMD 也推出了面向低端的 Sempron 系列处理器，其主要竞争对手是 Intel 采用 90μm 工艺的 Celeron D 处理器。Sempron 采用与 Athlon XP 完全一样的 Thoroughbred 核心，前端总线为 333MHz，其一级缓存和二级缓存分别为 128KB 和 256KB，也采用与 Athlon XP 完全一样的 Socket A（462）接口，如图 3-25 所示为采用 Socket A 接口的 Sempron 2800+。此外，Sempron 系列还有一种采用 Athlon 64 的 SledgeHammer 核心的处理器，采用了 Socket 754 和 Socket 939 两种接口，不过它并不支持 X86-64 指令集，二级缓存也降为 256KB，而且只支持单通道 DDR 内存。图 3-26 所示为采用 Socket 754 接口的 Sempron 3100+。

图 3-25 Thoroughbred 核心的 Sempron 2800+处理器   图 3-26 Socket 754 接口的 Sempron 3100+处理器

3.2 选购 CPU

在选购 CPU 时，应该先了解 CPU 的性能指标，掌握选购 CPU 的方法后，购买时才能买到满意且性价比高的 CPU。下面将对 CPU 的选购知识进行讲解。

3.2.1　CPU 的性能指标

　　CPU 在整个电脑系统中占据着极其重要的地位，是电脑系统的核心，其性能能够反映整个电脑系统的性能，其运行频率直接决定着电脑的运行速度。为了在选购与组装电脑时能综合的评定一块 CPU 的性能。下面将对 CPU 的一些主要性能指标进行介绍。

1．CPU 的频率

　　CPU 的频率是指电脑在运行时的工作频率，也叫 CPU 的主频或 CPU 的时钟频率，主频越高每秒钟内可执行指令的条数也就越多，CPU 的速度也就越快。但是由于不同 CPU 的内部结构各不相同，因而并非时钟频率高的 CPU 性能就好，如果执行相同的指令，在越少的时间内完成，则说明性能越好，CPU 主频与外频和倍频有关。下面将分别对其进行讲解。

- ➥ **外频**：外频即主板频率 FSB，CPU 与主板之间同步运行的速度，外频速度高，CPU 就可以同时接收更多的来自外围设备的数据，从而使整个系统的运行速度提高。
- ➥ **倍频**：倍频即为系数 n，CPU 运行频率与系统外频之间的差距参数，也称为倍频系数，在相同的外频条件下，倍频越高，CPU 的频率就越高。

2．CPU 的位和字长

　　电脑是以二进制进行数据的处理和运算的，数据的代码只有 0 和 1，在电脑中把这样的一个代码叫 1 位（bit），如 101 是 3bit。但是由于 bit 的单位太小，于是把每 8bit 称为一个字节（Byte）。

　　字长是指 CPU 在单位时间内一次能同时处理的二进制数的位数。因此，能处理字长为 8bit 数据的 CPU 就叫 8 位 CPU。

3．CPU 的缓存——Cache

　　Cache 中文名为缓存（高速缓存），它也是内存的一种，其数据交换速度快且运算频率高。CPU 的缓存有 L1 Cache（一级缓存）、L2 Cache（二级缓存）以及 L3 Cache（三级缓存）3 种，下面分别对其进行讲解。

- ➥ **L1 Cache**：主要用来存放 CPU 的指令及代码，其容量相对固定，达到要求值后，若再加大其容量不会再提高其性能，不同 CPU 的 L1 Cache 各不相同。
- ➥ **L2 Cache**：主要用来存放电脑运行时操作系统的指令、程序数据以及地址指针等数据，其容量和速度对系统的性能有较大的影响。容量越大速度也越快，系统的速度也越快，因此 CPU 生产商（Intel 与 AMD 公司）都尽最大可能加大 L2 Cache 的容量，并使其与 CPU 在相同频率下工作。L2 Cache 被集成在 CPU 内部，因此又称为全速二级高速缓存。
- ➥ **L3 Cache**：分为早期的外置和现在的内置。实际作用是可以进一步降低内存延迟，同时提升大数据量计算时处理器的性能，降低内存延迟和提升大数据量计算能力对系统运行都很有帮助。

4．CPU 的总线

CPU 的总线是指 CPU 与外部设备在进行数据交换和通信时的线路。根据连接设备的不同，可分为内存总线、扩展总线、系统总线和前端总线等。下面分别对其进行讲解。

- **内存总线（memory-bus）**：指 CPU 与内存之间的数据交换通道，它主要是为了加快 CPU 读写的速度，将 CPU 经常使用的数据从硬盘读取出来后存放在内存中。
- **系统总线（system-bus）**：指电脑连接所有设备共同的通信线路。
- **扩展总线（expansion-bus）**：指电脑系统的局部总线，如 ISA、AGP、PCI 或 PCI-Expres 总线等。
- **前端总线（FSB）**：这是 AMD 公司在发布 K7 系列的 CPU 时提出的概念，它是指 CPU 与主板之间的数据传输速度，假设 FSB 为 400MHz，处理器的位宽为 32 位，则 CPU 与主板的数据交换速度为 400MHz/s×32bit÷8bit/B=1600MB/s。

5. CPU 的接口和内核

CPU 的接口是指 CPU 与主板之间的连接方式，如图 3-27 所示。CPU 的接口也是影响其性能的一个重要方面，早期的 CPU 是直接焊接在主板上的，后来逐渐独立出来，也就有了各式各样的接口，如 Sloet A、Socket 370、Socket 462、Socket 478、Socket 775、Socket 939 等。

图 3-27 CPU 插槽

CPU 的内核是指 CPU 的核心，例如，Pentium III 处理器有 Katmai 内核和 Coppermine 核心两种，Athlon XP 有 Palomino 和 Barton 两种核心，不同核心的 CPU 其性能也不同。如采用 Northwood 核心的 Pentium 4 处理器就比采用 Willamette 核心的性能好，极限频率更高。

提示：

> 由于 CPU 的核心电压与核心电流时刻都处于变化之中，因此 CPU 的实际功耗（功率 P=电流 A×电压 V）也会不断变化，TDP 值并不等同于 CPU 的实际功耗，更没有算术关系。由于厂商提供的 TDP 值肯定留有一定的余地，对于具体的 CPU 而言，TDP 应该大于 CPU 的峰值功耗。

6. CPU 的指令集

指令集是 CPU 用来计算和控制系统的命令，在设计 CPU 时它们就被固定了，是与硬件电路相配合的一系列的指令。指令集对提高微处理器效率具有重要的作用，是 CPU 性能的重要指标之一。目前指令集有 Intel 公司的 MMX、SSE、SSE2、SSE3 和 AMD 公司的 3DNow!等。

（1）MMX

MMX（Multi Media eXtension，多媒体扩展指令集）是 Intel 公司于 1996 年推出的一项多媒体指令增强技术。MMX 指令集中包括有 57 条多媒体指令，通过这些指令可以一次处理完普通指令需要连续执行多次的数据，这样使其性能得到了更大的提升。现在，AMD 和 Intel 的处理器都支持这一指令集。

（2）SSE

SSE 指令集包括 SSE、SSE2 和 SSE 3 种，下面分别对其进行介绍。

- **SSE（Streaming SIMD Extensions）**：单指令多数据流扩展指令集，是 Intel 公司应用于 Pentium III 处理器的指令集。SSE 指令集包括了 70 条指令，其中包含提高 3D 图形运算效率的 50 条 SIMD（Single Istruction Multiple Data，单指令多数据）浮点运算指令、12 条 MMX 整数运算增强指令、8 条优化内存中连续数据块传输指令。SSE 指令集主要是在图像处理、浮点运算、3D 运算、视频处理、音频处理等方面进行了强化，提高了其处理效率。

- ➤ SSE2：在 SSE 的基础上增加了一些指令，有 144 条新建指令，使得其处理器性能得到了进一步提升，使得处理器浮点数运算能力大大增强，在多媒体程序、3D 处理工程等领域能与 AMD 的 3DNow! 指令集相抗衡。

- ➤ SSE3：SSE3 是目前规模最小、最先进的指令集，有 13 条指令。其中，有的指令可提高浮点转换成整数的效率；有的可以简化复杂数据的处理过程；有的可提高处理器对处理媒体数据结果的精确性，有的则是专门针对处理 3D 图形而设计的；有的可增加 Intel 超线程的处理能力、简化超线程的数据处理过程。

（3）3DNow!

3DNow! 指令集是由 AMD 公司提出的，被广泛应用于 AMD 的 K6-2、K6-III 和 Athlon 系列的 CPU 中，3DNow! 与 Intel 的 SSE 非常类似。3DNow! 指令集其实就是 21 条机器码的扩展指令集，主要针对三维建模、坐标变换和效果渲染等三维应用场合，其 3D 处理能力非常强劲。后来 AMD 公司开发了 Enhanced 3DNow! 指令集，包含 52 条指令。

3.2.2 CPU 的选购指南

在选购 CPU 时，要注意其选择方法，用户可以从 CPU 的品牌、速度、超频、盒装与散装以及性价比等方面来判断其好坏，下面将分别对其进行讲解。

1．品牌的选择

目前 Intel 公司的品牌形象和市场占有率历来高居榜首。但是高品质的 Intel CPU 的价格比其他品牌贵，因此，AMD 公司的 CPU 具有极富竞争力的性价比。

2．速度的选择

CPU 的速度自然是越快越理想，如果电脑只是用于上网和运行办公软件，那么可选择性能稍低的处理器。处理器技术日新月异，在购买时也要考虑一定的发展空间，避免出现刚买不久就不能适应新软件需要的情况。

3．CPU 的超频

让 CPU 在标准频率以上工作，即超频，其目的是提高电脑系统的运行速度。在出厂前 CPU 是按稳定运行的主频进行分档的，而不是按最高运行频率进行标注的，厂商在评定 CPU 的主频时都留下了一定的余地，这就为超频留有一定的空间。不同厂商给不同档次的 CPU 所留的超频余地也不相同，所以不同 CPU 的超频能力也不一样。如果用户需要对 CPU 进行超频，则可选择超频范围较大的 CPU。

在超频状态下，为了提高 CPU 的稳定性，减少信号的出错率，可以采取提高 CPU 的核心电压以增强信号强度的办法。超频和加压都会增加 CPU 的发热量，如果没有做好散热工作，则可能会烧毁 CPU。因此，超频时除了注意限度之外，还必须做好散热工作，否则会缩短 CPU 的使用寿命。超频的成功与否，决定着电脑能否稳定运行。

4．盒装与散装

CPU 有盒装与散装两种，盒装 CPU 有精美的包装、说明书和保证书，但价格要贵一点，散装的 CPU 主要供应电脑厂商，这些 CPU 无须精美包装和保证书。散装的 CPU 为不法商贩留下了造假的空间，有些商贩为了牟取暴利，擦掉低档 CPU 的标记，重新标上高档 CPU 的标记，超频后卖给用户。

CPU 的鉴别方法主要看包装、印刷在 CPU 表面上的文字质量和塑料薄膜封装上的水印标志等。

5．性价比

同类型的 CPU，时钟频率越高，性能就越好，但价格也会越贵。在推出一段时间以后，CPU 的价格都会大幅度下降，这主要是为了让新产品能顺利的推出，此时，这类 CPU 的价格相对较便宜，而上市不久的新产品的价格则相对较高。用户可根据实际需要进行选择，而不必过分追求新款的 CPU。

3.2.3　应用举例——主流 CPU 产品

CPU 品牌主要包括 Intel、AMD 和 VIA 等，除了在各种科研的专用领域外，市场上占主流的是 Intel 和 AMD 公司。下面将对目前市场上的高、中、低端 CPU 进行介绍。

1．高端 CPU

高端 CPU 适用于一些对电脑性能要求较高的用户，如做一些精密的计算等，下面将推荐几款高端 CPU。

➽ AMD Phenom X4 9550：采用原生四核心设计，每颗核心默认频率为 2.2GHz，外频为 200MHz，倍频为 11x，支持 SSE、SSE2、SSE3、SSE4A 多媒体指令集和 X86-64 运算指令集。AMD Phenom X4 9550 处理器内置了 2MB 的三级缓存，同时被四颗核心共享使用，如图 3-28 所示。

图 3-28　AMD Phenom X4 9550

➽ Intel Core2 Quad Q9550：采用 45nm 制造工艺，核心属于 Yorkfield，接口为 LGA775，主频为 2.83GHz，倍频为 8×，前端总线为 1333MHz，L2 Cache 容量高达 12MB，TDP 为 95W，供电需符合 05A 标准，如图 3-29 所示。

图 3-29　Intel Core 2 Quad Q9550

2．中端 CPU

中端 CPU 适用于普通用户，如游戏玩家等，下面推荐几款中端 CPU。

↘ **Intel Core i3 530**：采用 32nm 制造工艺，频率为 2.93GHz，采用三级缓存系统，每个核心拥有独立的一、二级缓存，分别为 64KB 和 256KB，2 个核心共享 4MB 三级缓存。由于支持超线程技术，因此双核 CPU 可以模拟成四核。Intel Core i3 530 的 GPU 部分采用 45nm 制造工艺，基于 GMA 架构，主频为 733MHz，性能较 G45 的 X4500 显示核心有大幅提升，如图 3-30 所示。

图 3-30　Intel Core i3 530

↘ **速龙 II X4 640**：采用 45nm 制造工艺，K10.5 架构设计，4 个核心，处理器主频 3.00GHz，外频 200MHz，倍频 15W，总线频率 2000MHz。处理器拥有 2MB 二级缓存，为了拉开与羿龙 II 四核的距离，没有设计三级缓存。处理器支持双通道 DDR3 内存，TDP 为 95W，如图 3-31 所示。

图 3-31　速龙 II X4 640

3．低端 CPU

低端 CPU 适用于使用电脑做简单工作的用户，如学生用于学习等，下面将推荐几款低端CPU。

➦ **Celeron G540**：采用了双核双线程设计，主频为2.5GHz，拥有3MB的三级缓存，集成HD Graphics 2000图形核心，TDP为65W，如图3-32所示。

图3-32　Celeron G540

➦ **AMD Phenom II X2 550**：AMD Phenom II X2 550黑盒处理器基于Stars核心，采用双核心设计，制造工艺为45nm SOI，以Socket AM3接口封装，拥有7.61亿个晶体管，处理器的最大热设计功耗为80W。其主频为3.1GHz，外频200MHz，倍频为15.5×，每个核心均拥128KB一级缓存和512KB二级缓存、6MB三级缓存，如图3-33所示。

图3-33　AMD Phenom II X2 550

3.3　上机及项目实训

3.3.1　在太平洋电脑网上查找CPU的信息

本练习将引导大家在太平洋电脑网上浏览CPU的相关信息（立体化教学:\视频演示\第3章\查找CPU信息.swf），如图3-34所示为最新的CPU信息。要完成这个练习首先要进入太平洋电脑网（www.pconline.com.cn）。

图 3-34　CPU 信息

在太平洋电脑网浏览 CPU 信息，操作步骤如下：

（1）打开 IE 浏览器，在地址栏中输入 www.pconline.com.cn，按 Enter 键进入太平洋电脑网主页面。

（2）选择导航栏中的"CPU/内存/硬盘"选项卡，即可打开 CPU 信息窗口进行最新 CPU 信息的浏览。

3.3.2　在主板上查看 CPU 的安装位置

只有了解了 CPU 的安装位置，才能对其进行正确的安装，本例通过对主机箱的拆卸，查看 CPU 安装的位置并了解插槽如此设计的作用。主要操作步骤如下：

（1）使用螺丝刀将主机箱的侧面板拆卸，将其平放在地上，如图 3-35 所示为 CPU。

（2）在主板上可观察到安装 CPU 的位置，如图 3-36 所示，固定拉杆下面则为 CPU 插槽，用来放置 CPU。

📢提示：

CPU 插槽上的固定拉杆是防止安装上的 CPU 在移动主板的过程中脱落。

图 3-35　CPU

——安装 CPU 的位置

图 3-36　CPU 的位置

3.4　练习与提高

（1）利用 Intel 开发的软件 Intel Processor Frequency ID Utility 可查看 Intel 公司的 CPU

详细信息。Intel Processor Frequency ID Utility 的运行界面如图 3-37 所示。

（2）利用 CPU Information 查看 AMD CPU 频率，如图 3-38 所示。

提示：使用 CPU 频率测试软件对 CPU 进行测试是最保险的识别真伪的方法，频率测试软件的工作原理是通过读取 CPU 内部寄存器数据来识别并显示该 CPU 的频率以及其他特性。

图 3-37　Intel Processor Frequency ID Utility

图 3-38　AMD CPU Info

 CPU 总结

本章主要介绍了 CPU 的发展史和性能指标，以及几大厂商的 CPU 特点，通过学习可做到以下几点。

- ➥　了解 CPU 的发展史，可全面地认识 CPU 在电脑中所起的作用。
- ➥　根据 CPU 的频率、位和字长、缓存和制造工艺与封装技术等指标，可判断 CPU 的优劣。
- ➥　通过查看 CPU 的编号，可了解其基本信息以及参数等重要数据。

第 4 章 电脑的临时存储器——内存

学习目标

- ☑ 了解电脑内存的分类及其编号的含义
- ☑ 了解电脑内存的性能指标
- ☑ 常见内存的选购
- ☑ 学会辨别内存的真伪

目标任务&项目案例

内存的编号

宇瞻内存

内存的安装位置

正品内存防伪包装

电脑在工作过程中，CPU 会把需要运算的数据调到内存中进行运算，然后再将结果传递到各个部件进行处理或执行。所以，内存的功能是暂时存放 CPU 的运算数据以及与硬盘等外部存储器交换数据。电脑的内部存储器简称内存，是电脑的重要部件之一，操作系统和应用程序都是在内存中运行的。

4.1 认识内存

电脑最重要的 3 大部件分别为 CPU、主板和内存。在电脑的运行过程中，内存是 CPU 快速存取数据的临时仓库，其存取速度决定着系统运行的速度，内存运行的稳定程度也决定了系统运行的稳定程度。

4.1.1 内存的结构

内存主要由 PCB 板、金手指、内存芯片、内存卡槽和内存缺口组成，如图 4-1 所示，下面分别对其进行讲解。

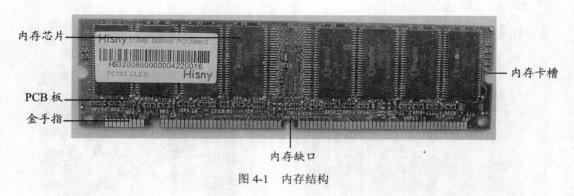

图 4-1 内存结构

1．PCB 板

内存条的 PCB 板多数都是绿色的。如今的电路板设计都很精密，所以都采用了多层设计，例如 4 层或 6 层等，因此，PCB 板实际上是分层的，其内部也有金属的布线。理论上 6 层 PCB 板比 4 层 PCB 板的电气性能要好，性能也较稳定，所以名牌内存多采用 6 层 PCB 板制造，可借助印在 PCB 板上的符号或标识来断定。

2．金手指

黄色的接触点是内存与主板内存槽接触的部分，数据就是靠它们来传输的，通常称为金手指。金手指是铜质导线，使用时间长了就可能有氧化的现象，影响内存的正常工作，易发生无法开机的故障，所以可以每隔一年左右就用橡皮擦清理一下金手指上的氧化物。

3．内存芯片

内存芯片就是内存的灵魂所在，内存的性能、速度、容量都是由内存芯片决定的。

4．内存卡槽

内存插到主板上后，主板上的内存插槽会有两个夹子牢固的扣住内存，这个缺口便是用于固定内存用的。

5．内存缺口

内存的脚上的缺口一是用来防止内存插反（只有一侧有），二是用来区分不同的内存，SDRAM 内存条是有两个缺口的，而 DDR 则只有一个缺口，不能混插。

4.1.2　内存的种类

内存的种类多种多样，可以按其工作原理、封装方式和工作性能等进行分类，下面分别进行介绍。

1．按工作原理分类

内存按工作原理可分为随机存取存储器和只读存储器两类。下面将分别进行介绍。

- 随机存取存储器：简称 RAM，英文全称为 Random Access Memory，它又可分为 DRAM 和 SRAM。DRAM（Dynamic RAM）即动态随机存取存储器，如图 4-2 所示，它具有集成度高、结构简单、功耗低和生产成本低等特点；SRAM（Static RAM）即静态随机存取存储器，如图 4-3 所示，其制造工艺和结构都较复杂，造价较高，不过速度比 DRAM 更快。任何种类的随机存取存储器都存在同样的缺点——当停止供电后，其内部存储的数据都将会丢失，因此不能用于长期保存数据。

图 4-2　DRAM　　　　　　　　　　图 4-3　SRAM

- 只读存储器：简称 ROM，英文全称为 Read Only Memory，其造价较高、容量较小，一般情况下只能从中读取信息而不能随意写入信息。不过当停止供电后，数据可以继续保存，主要用于存放一次性写入的程序或数据，如主板上的显卡存储芯片（如图 4-4 所示）以及用于存储 BIOS 信息的 CMOS 芯片（如图 4-5 所示）。

图 4-4　显卡存储芯片　　　　　　图 4-5　BIOS 芯片

2．按封装方式分类

内存芯片的封装方式有 TSOP 封装、Tiny-BGA 封装、BLP 封装和 CSP 封装等，下面分别进行介绍。

- TSOP 封装：英文全称为 Thin Small Out-Line Package，意思是薄形小尺寸封装，如图 4-6 所示。

➥ **Tiny-BGA 封装**：英文全称为 Tiny Ball Grid Array，意思是小型球栅阵列封装，如图 4-7 所示。

图 4-6　TSOP 封装

图 4-7　Tiny-BGA 封装

📢**提示：**

SOJ 封装，全称为 Small Out-Line J-Lead，SOJ 是指内存芯片的两边有一排小的 J 形引脚，直接粘在印制电路板的表面上。早期的 EDO RAM 内存主要采用的就是 SOJ 封装，由于这种封装方式存在许多不足，现已基本淘汰。

➥ **BLP 封装**：英文全称 Bottom Lead Package，意思是底部引脚封装，如图 4-8 所示。
➥ **CSP 封装**：英文全称 Chip Scale Package，意思是芯片型封装，如图 4-9 所示。

图 4-8　BLP 封装

图 4-9　CSP 封装

📢**提示：**

内存由内存芯片和电路板两大部分组成。将内存芯片焊接在事先设计好的电路板上，并对裸露的内存芯片进行包装，这样就构成了一根内存条。这种包装内存芯片的技术称为封装技术，它具有放置、固定、密封、保护芯片和增强导热性能的作用。

3．按工作性能分类

内存按照工作性能可分为 FPM RAM、EDO RAM、SDRAM、DDR SDRAM、DDR2、DDR3 和 RDRAM。目前市面上主要使用的是 DDR2 和 DDR3，下面分别对其进行讲解。

➥ **DDR2**：该内存能够在 100MHz 的发信频率基础上提供每插脚最少 400MB/s 的带宽，而且其接口将运行于 1.8V 电压上，从而进一步降低发热量，以便提高频率。目前在很多电脑中还在使用，如图 4-10 所示为 DDR2 内存。
➥ **DDR3**：相比起 DDR2 有更低的工作电压，且性能更好更为省电；从 DDR 2 的 4bit 预读升级为 8bit 预读，DDR3 目前最高能够达到 2000MHz 的速度，最差的 DDR 3 内存速度也能达到 1066MHz，如图 4-11 所示为 DDR3 内存。

📢提示：

随着内存的不断发展，其性能的不断提高，早期的内存也将不断地被更新淘汰。

图 4-10　DDR2 内存

图 4-11　DDR3 内存

4.1.3　内存编号的含义

在常见的内存条中，内存芯片的生产厂商有现代、三星、LGS、NEC 和西门子等，只有了解这些品牌内存芯片的编号的含义，才能正确判断内存的类型和适用范围，下面分别对这些内存芯片的编号进行介绍。

1．现代电子（Hyundai）

如图 4-12 所示为 Hyundai 的内存芯片，这里以 HY57V651620ATC-10S 为例进行讲解，其中各参数含义分别如下。

🔖 57：57 代表 SDRAM。

🔖 V：代表 3.3V。

🔖 65：容量（MB）和刷新速度（k Ref）。

🔖 16：数据位宽（bit）。

🔖 2：内存条包括的 Bank 数。1、2、3 分别代表 2、4、8 个 Bank。

图 4-12　Hyundai 芯片

🔖 0：内存接口。

🔖 A：内核的版本号（可为空白）。

🔖 TC：封装形式的编号。

🔖 10：速度。

🔖 S：一般有 P 和 S 两种代码，P 比 S 的好一些。

2．三星电子（Samsung）

如图 4-13 所示为 Samsung 的内存芯片，这里以 K4D261638F-TC40 为例进行讲解，其中各参数含义分别如下。

🔖 26：容量（MB）。

🔖 163：数据位宽（bit）。

🔖 8：内存条包括的 Bank 数。1、2、3 分别代表 2、4、8 个 Bank。

图 4-13　Samsung 芯片

🔖 F：内存接口。O 代表 LVTTL，I 代表 SSTL。

🔖 TC40：封装类型。T 代表 TSOP II（400mil）。

3．LGS

如图 4-14 所示为 LGS 的内存芯片，这里以 GM72V66841CT7J 为例进行讲解，其中各参数含义分别如下。

- 66：容量（MB）。
- 84：数据位宽（bit）。
- 1：内存接口。
- T：封装类型。
- 7J：速度。

图 4-14　LGS 芯片

现在 LG 的内存后缀有 T-S 和 T-H 两种，前者代表 PC-100 的颗粒，后者代表 PC-133 的颗粒，分别用来取代原有的-7J（K）和-75。

4．NEC

如图 4-15 所示为 NEC 的内存芯片，这里以 D61335F1 为例进行讲解，其中各参数含义分别如下。

- 61：容量（MB）。
- 1：数据位宽（bit）。
- 3：内存条包括的 Bank 数。3、4 都表示 4 个。
- 1：内存接口。1 代表 LVTTL。

5．西门子（Siemens）

如图 4-16 所示为 Siemens 内存芯片，这里以 HYB250256800BT-5 为例进行讲解，其中各参数含义分别如下。

- 25：容量（MB）。
- 0：内存接口。
- 25：数据位宽（bit）。
- 5：内核的版本号（越后越新，可为空白）。

图 4-15　NEC 芯片

图 4-16　Siemens 芯片

4.2　选 购 内 存

内存是电脑中最关键的部件之一，其质量和稳定性直接影响着电脑的工作，在了解了内存的基本知识后，还应该了解选购内存时应该注意的问题，下面介绍内存的性能指标，并以实例的方式讲解几种类型内存的选购。

4.2.1 内存的性能指标

在选购内存时，不应该只从内存的表面进行辨识，还要更深入地了解内存的各种特性。内存的性能指标是反映内存性能的重要参数。

1. 容量

内存容量表示内存可以存放数据的空间大小，其单位有 B、KB、MB 和 GB 等，在 286、386 和 486 时代的内存都以 KB 为单位，通常只有几 KB 或者几十 KB。目前内存大多以 MB 和 GB 为单位，市面上常见的内存容量规格为单条 1GB（如图 4-17 所示）、2GB（如图 4-18 所示）和 4GB 等，也有更大容量的内存。

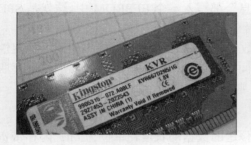

图 4-17　1GB 的内存

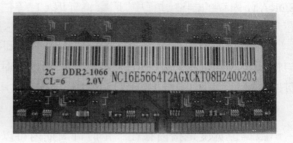

图 4-18　2GB 的内存

2. 工作电压

在内存工作时，必须不间断地进行供电，否则将不能保存数据。内存能保存数据稳定工作时的电压就叫内存工作电压。如图 14-19 所示为工作电压 2.3V 的内存，如图 14-20 所示为工作电压 1.3V 的内存。

图 4-19　工作电压为 2.3V 的内存

图 4-20　工作电压为 1.3V 的内存

🔔**注意：**

> 略微提高内存工作电压，有利于内存超频，但是这样会增加发热量，有损坏硬件的风险。

3. 运行频率

内存的运行频率（即内存芯片运行时的时钟周期），通常用 tCK 表示。如在"三星"内存芯片中字符串 K4T1G164QD-ZCE6 的最后一个数字 6 即表示该内存的 tCK 值。

4．tAC（存取时间）

tAC 是指当 CAS 延迟为最大值时的输入时钟值，SDRAM 内存 PC100 规范规定，当 CL=3 时，tAC 不大于 6ns，并且还规定某些特殊的内存编号的尾数即为这个值。大多数 SDRAM 芯片的存取时间为 5、6、7、8 或 10ns，而 DDR SDRAM 芯片的存取时间为 5、6 或 7ns。

5．延迟

延迟 CL 全称为 CAS Latency，其中 CAS 为 Column Address Strobe（列地址控制器），它是指纵向地址脉冲的反应时间，是在同一频率下衡量内存好坏的标志。如 PC100 的 SDRAM 内存，其 CL 值为 2 或 3，即其数据读取延迟为 2 个或 3 个时钟周期。在后来 PC100 SDRAM 内存的制造过程中，厂家将延迟 CL 等信息全部写入一个 EEPROM 中，这就是 SPD 芯片，电脑在启动后 BIOS 程序将首先检查该芯片中的内容。

对于同一个内存条，当其 CL 值设置为不同数值时，其 tCK 值就可能不相同，稳定性与性能都不同。可以用一个公式来计算延迟的时间：总延迟时间=系统时钟周期×CL+存取时间（tAC），如果将 DDR333 的 CL 值设为 2，则总延迟时间=6ns×2+4ns=16ns。

6．数据位宽度和带宽

数据位宽度是指内存在一个时钟周期内可以传送的数据的长度，单位为 bit；内存带宽则是指内存的数据传输速率，如 DDR SDRAM PC2100 内存的数据传输速率为 2100MB/s。

4.2.2　内存的选购指南

目前生产内存条比较有名且市场占有率较高的厂商有金士顿、三星、金邦，此外还有现代、宇瞻、威刚、富豪和勤茂等。下面以几款常见的内存品牌为例进行介绍。

1．金士顿

金士顿（Kingston）是由金士顿科技公司推出的内存品牌，它是世界第一大内存模组生产商，其产品主要针对桌面电脑、笔记本电脑、服务器、工作站、镭射印刷机、数码影像设备和掌上电脑等。

这里以金士顿 KVR400X64C3A 为例进行讲解，如图 4-21 所示。使用 TSOP 封装，其数据带宽上限为 5ns，工作电压为 2.6V，内存主频 DDR400(PC3200)，内存的大小为 1024MB。

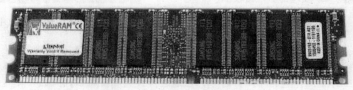

图 4-21　Kingston 内存

2．威刚内存

威刚是台湾的第一大独立内存厂商，而且在市场的占有率也较高，其品质和售后服务都得到了用户的肯定。而威刚旗下的"万紫千红"系列更是以超低的价格赢得了用户的喜爱，如图 4-22 所示为威刚内存"万紫千红"产品。

图 4-22　威刚内存

3．现代内存

提到现代内存，很多用户就会想到一个词——假货。其实并不是，一方面现代 DDR 一代内存目前在市场上大多数为原装颗粒，假货芯片非常少。最明显的区别方式就是看芯片颗粒的字迹清晰与否，假货表面有很多细小的摩擦痕迹，不平整，在内存芯片最下方的字符也有很大差别，真品为 KOR，假货则为 KOREA，如图 4-23 所示，左图为假货，右图为真品；另一方面，现代 DDR2 内存的情况就不容乐观，目前市场的所有现代 DDR2 内存基本为打磨颗粒，从其超低的价格就能看出真假。

图 4-23　现代内存

4.2.3　辨别内存的真伪

用户在选购内存时，需要结合多种方法进行真伪辨别，避免购买到"水货"或者"返修货"，以保障用户的权益。下面将介绍几种辨别内存真伪的常用方法。

> ● 外观判断：好的内存做工十分精细，同时有防静电和防震等功能的外包装保护措施，如图 4-24 所示为正品金士顿（Kingston）防伪包装。

图 4-24 正品金士顿内存防伪包装

📌 **网上验证**：有的内存可以到其官方网站验证真伪，如金士顿（Kingston）只需按提示输入内存序列号和 ID 等信息后，即可得知内存真伪，如图 4-25 所示。

图 4-25 金士顿官方网站验证

📌 **价格比较**：在购买内存时，价格也是非常重要的，如果某款品牌内存，其专卖店售价 200 元，一些小店自称正品，却只有 150 左右，水货的可能性就较大。并且在购买产品后，应要求其提供售后服务。

4.2.4 应用举例——主流内存产品

目前市场上主流内存品牌有金士顿、三星、威刚、金邦和宇瞻等，各大厂商正陆续地推出新的内存产品，内存的性能将向耐高温、发热少、容量大和用电量低等方面发展，下面对一些不同档次的内存进行简单介绍。

1. 高端内存

高端内存具有做工精细且兼容性好等特点，下面将推荐几款高端内存。

📌 **三星幻影 40 DDR3 1333 2GB 内存**：其最大的特点莫过于全部采用 40nm 颗粒，更先进的制造工艺和更低的发热无需散热片的辅助即可以保持常年低温，此外，三星幻影内存运行电压比其他同类品牌都要低，1.5V 即可保证稳定运行，电压降低之后带来的作用不言而喻，发热更低、超频更强，环保之余也能省下不菲的电费。如图 4-26 所示为三星幻影 DDR3 内存。

📌 **TEAM 6GB DDR3-2000 金士顿（Kingston）**：除坚持采用原厂颗粒外，独特的颗粒筛选技术，不仅确保颗粒质量及稳定性，同时从兼容性验证到出货测试等多项步骤是对内存质量的严格把关，质量得到消费者肯定。此外，内存模块同样披覆风格独特的 X 型字样的散热片，并搭配高传导系数之导热胶与颗粒紧密接触，除提升整体散热效能外，更增添 Xtreem 系列的独特飙速风格。如图 4-27 所示为金士顿 TEAM DDR3-2000 内存。

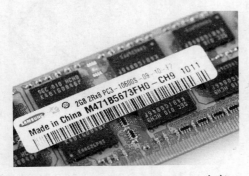

图 4-26　三星幻影 40 DDR3 1333 内存

图 4-27　金士顿 TEAM DDR3-2000

2．中端内存

中端内存能满足大多数普通用户的使用要求，下面推荐几款中端内存品牌。

- 三星（SAMSUNG）2GB DDR3 1600：沿用四方纸盒的简约设计，左蓝右白的外壳异常醒目。透过包装盒还可以清晰地看到内存的标签信息，内存单条容量 2GB，采用双面各 8 颗颗粒组成 2GB 1600MHz 的超强阵容，如图 4-28 所示。
- 威刚 6GB DDR3 1600+（极速飞龙三通道）：默认延时为 8-8-8-24 2T，默认电压为 1.65～1.75V。产品使用 6 层 PCB 版，SPD 完全符合 JEDEC 协会 DDR3 1600 的标准设定，如图 4-29 所示。

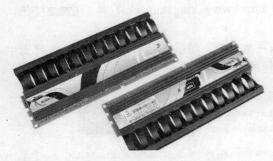

图 4-28　三星（SAMSUNG）2GB DDR3 1600

图 4-29　威刚 6GB DDR3 1600+

3．低端内存

低端内存适用于普通的电脑配置，下面推荐几款低端内存品牌。

- 金士顿 2GB DDR3-1333：采用了绿色 PCB 板，为内存在高频下稳定工作提供良好的保证，包装上与金士顿品牌 DDR2 内存无异使用了日本尔必达（ELPIDA）原厂芯片，芯片编号为 J1108BASE，为 128MB×8bit 组织方式，如图 4-30 所示。
- 宇瞻（Apacer）2GB DDR3 1333：采用电气性能优良的绿色散热片，内存整体做工用料优良，走线清晰，内存上面的贴片元件装贴整齐，焊接精细。从内存标签处可以看到，该内存的 CL 值为 9，电压为 JEDEC 标准的 1.5V，如图 4-31 所示。

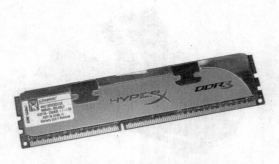

图 4-30　金士顿 2GB DDR3-1333

图 4-31　宇瞻（Apacer）2GB DDR3 1333

4.3　上机及项目实训

4.3.1　识别金士顿（Kingston）内存的真伪

为防止不法商贩伪造、贩卖金士顿内存，金士顿在所有内存产品上使用新一代防伪标签。同时还可通过一分钟辨真伪网站来验证内存产品，只需按照提示输入内存标签上的相应信息，即可确认您所购买的金士顿产品是否为真品。

操作步骤如下：

（1）登录金士顿（Kingston）的官方网站 http://www.Kingston.com，单击 一分钟辨真伪 按钮，将打开如图 4-32 所示页面。

（2）在打开的页面中单击"验证内存产品再次点击"超级链接打开新页面，在页面中单击要辨别真伪内存的版本，即可打开"产品保固登记"页面。

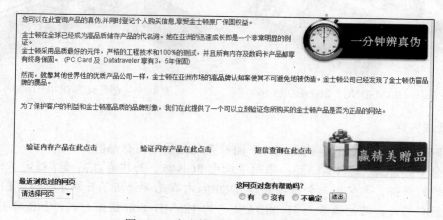

图 4-32　金士顿网站的 1 分钟辨真伪

（3）在打开的页面中首先填写个人信息，然后填入购买产品信息，相关产品信息可从如图 4-33 所示的内存标签上获得。

🔔注意：

电子邮箱一定要填写正确，否则会收不到真伪辨识的确认信。

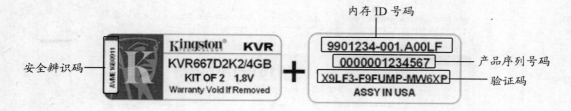

图 4-33　获取内存条的产品信息

（4）确认输入正确无误后，单击 提交 按钮，金士顿（Kingston）网站将会发一封 E-mail 确认信到个人信息中填写的邮箱地址，该确认信中即包含内存的真伪信息。

4.3.2　在机箱内查看内存所处的位置

目前的电脑主板中内存的位置基本上大同小异，了解内存在电脑中的具体位置，有利于识别和安装内存，下面就通过观察了解主板中内存的位置。

主要操作步骤如下：

（1）打开机箱，在 CPU 风扇与机箱正面之间可看到 2 到 4 个长的插槽，如图 4-34 所示。

（2）往两边扳那两个白色的插槽卡，内存就自己掉下来，如图 4-35 所示。

🔔注意：

要安装内存，只需把两个白色的插槽卡扳开，注意槽上的凸出和内存条的开口要对应，均匀用力插上即可。

图 4-34　内存插槽

图 4-35　安装上的内存

4.4 练习与提高

（1）上网查询内存的信息，包括品牌、型号和价格等，如图 4-36 所示。

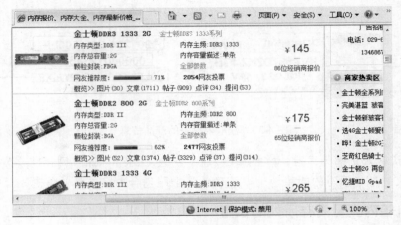

图 4-36 内存信息浏览

（2）对比几种品牌的内存编号，根据所学知识判断其编号内容所代表的含义。

 **内存选购的注意事项**

本章主要介绍内存的基本知识和性能指标等知识，内存的选购更要考虑多方面的因素。

➥ 了解内存编号的含义，根据所显示的数据判断其版本的高低、性能的好坏。

➥ 根据自己的需求选择性能指标合适的内存。

➥ 了解主流内存品牌，选购性价比高、售后服务好且用户口碑好的内存。

➥ 能准确判断内存的真伪，选购满意的内存。

第 5 章　电脑的存储设备
——硬盘、光驱、刻录机及移动存储设备

学习目标

- ☑ 了解硬盘的结构和组成
- ☑ 了解硬盘的性能指标和选择硬盘的一般标准
- ☑ 认识光驱并了解其性能指标
- ☑ 认识移动存储设备和选购

目标任务&项目案例

硬盘的内部结构

刻录光驱

U 盘

移动硬盘

电脑的存储设备就像一个大仓库，用来储藏大量的数据和程序。本章将介绍硬盘、光驱与刻录机以及移动存储设备的基本功能、性能指标、基本原理和结构，并了解其选购知识，使用户更深入地认识电脑的存储设备。

5.1 硬　盘

硬盘是电脑存储器中速度最快、容量最大的外部存储设备，它有足够大的空间，电脑运行时必需的操作系统、绝大部分的程序和数据等资料都保存在硬盘中。

硬盘与内部存储器相比，其存取数据的速度比内存慢，但是其存储空间足够大，可以存放大容量的数据和文件，而且在断电后存储在硬盘中的数据和文件不会丢失，这为用户的资料和其他数据信息的长期保存创造了条件。

5.1.1 硬盘的结构

硬盘是电脑中容量最大的外部存储器，其外观就像一个长方形铁盒子。硬盘主要组成部分集中在其内部和背面，其内部结构主要由磁头、主轴电机和盘片等组成，如图 5-1 所示，在硬盘背面通常有一块很大的集成电路板，这是控制硬盘工作的主控芯片和集成电路，并且可看见其电源和数据线的接口，如图 5-2 所示，下面将对硬盘的磁头、盘片和主轴电机进行简单的介绍。

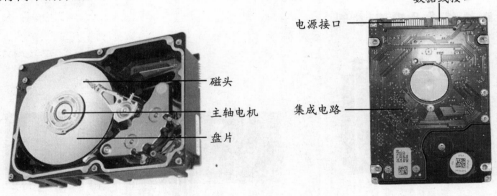

图 5-1　硬盘的内部结构　　　　　　图 5-2　硬盘的背面

🔔 注意：

硬盘的正面一般是一张记录了硬盘相关信息的铭牌，通过它可以了解硬盘的基本情况。

1. 硬盘的磁头

硬盘中数据存取的关键部件是磁头，通过它才能进行数据读写操作。磁头的磁阻感应是全封闭式的，通过其进行读写操作，将信息记录在硬盘内部特殊的介质上。目前使用的磁头多是 GMR（Giant Magneto Resistive heads）巨阻磁头，GMR 磁头使用了磁阻效应更好的材料和多层薄膜结构，这比以前的传统磁头和 MR（Magneto Resisive）磁阻磁头更为敏感，相对的磁场变化能引起来大的电阻值变化，从而实现更高的存储密度。

2. 硬盘的盘片

盘片是硬盘中承载数据存储的介质，硬盘是由多个盘片叠加在一起，互相之间由垫圈隔开。硬盘盘片是以坚固耐用的材料为盘基，其上附着磁性物质，表面被加工得相当平滑。目前市场上主流的硬盘都是采用铝材料的金属盘基。由于盘片上的记录密度巨大，而且盘片工作时的高速旋转，为保证其工作的稳定，数据保存的长久，硬片都是密封在硬盘内部。万万不可自行拆卸硬盘，在普通环境下空气中的灰尘，都会对硬盘造成永久伤害，更不能用器械或手指碰触盘片。

3．硬盘的主轴电机

主轴电机是带动硬盘盘片高速旋转的动力装置，当盘片高速运转时会在磁头和盘片间产生一种气压，并使磁头飘浮在盘片上方。为了提升硬盘数据的读取速度，硬盘的主轴电机转速也在不断提升，传统的普通滚珠轴承电机已经不能满足高转速的要求，高转速带来的磨损加剧、温度升高和噪声增大等一系列负面问题，迫切要求对这一技术进行改进。

目前，在硬盘上都采用了能适应高转速要求的液态轴承电机（fluid dynamic bearing motors）。液态轴承电机，顾名思义，是指用黏膜液油膜代替了原先的滚珠，用这种轴承不仅可以避免金属与金属面的直接摩擦，还可以降低电机的噪声和温度。此外，油膜吸收外来的震动很有效，使硬盘的抗震能力也有了很大的提高。

5.1.2　硬盘的工作原理

硬盘保存数据的方法是根据电和磁相互转换的原理来实现的。如图 5-3 所示。硬盘是一个密封的"铁盒子"，将磁性物质附着在硬盘盘片上，并将盘片安装在主轴电机上，当硬盘驱动器开始工作时，主轴电机将带动硬盘盘片一起转动，在盘片表面的磁头将在电路的控制下进行移动，并将指定位置的数据读取出来，或将数据存储到指定的位置。

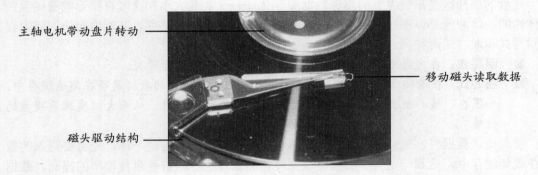

主轴电机带动盘片转动

移动磁头读取数据

磁头驱动结构

图 5-3　硬盘的工作原理

硬盘是如何进行读取和写入数据的呢？当系统从硬盘上读取数据时，磁头经过系统指定的盘片区域，盘片表面的磁头内部的感应线圈产生感应电流或者使其线圈阻抗产生变化，再将这种电流或变化通过专门的电路进行转换和翻译成机器能识别的二进制数。当系统向硬盘写入数据时，电脑先将数据转化成电流，磁头中通过较强的电流，强电流产生磁场，并使盘片表面磁性物质状态发生改变，从而读取并写入数据。

5.1.3　硬盘的性能指标

硬盘有各种各样的性能指标，了解和掌握硬盘的各种性能指标可以更全面地了解硬盘，从而对硬盘有更加深刻的认识，下面将对其性能指标进行详细讲解。

1．磁头技术

硬盘的磁头技术主要有磁阻磁头、巨型磁阻磁头和光学辅助温式等几种。磁阻磁头技术（magneto resistive head）是一种较老的硬盘磁头技术，与录音机上用的磁带技术有些类似，不过由于其已经达到了数据存储密度的极限，目前已被淘汰。巨型磁阻磁头技术（GMR）是现在广泛采用的磁头技术，如图 5-4 所示，它由磁阻磁头技术发展而来，对有效提高磁盘盘片的数据存储密度有很大的作用。

GMR 磁头

图 5-4　GMR 磁头的电脑硬盘

未来的磁头技术是光学辅助温式技术（OAW），它是硬盘磁头技术的发展方向，这种技术可以进一步提高硬盘盘片的平均数据密度。

2．硬盘缓冲区

硬盘的缓冲区是指硬盘上的高速数据缓存（cache），其大小和速度直接影响着硬盘的整体性能。缓冲区是焊接在硬盘控制器电路板上的一块 DRAM 内存，其速度极快。该内存有回写式和通写式两种。

- **回写式**：在内存中保留部分数据，当硬盘空闲时再进行写入。
- **通写式**：在读硬盘时，系统先检查请求，并且寻找需要的数据是否在高速缓存中，如果在，缓存就会发送出相应的数据，不必再找寻硬盘，从而大幅度改善硬盘的性能。

硬盘传送数据时，先读取一部分后，再传送给缓存；写入时也一样，先将要写入的数据存放到缓存中，达到一定大小后再存放到硬盘的盘片上。随着硬盘传输率的提高，数据缓存的速度和大小也影响着硬盘速度，硬盘对数据缓存的容量要求也逐渐提高，目前主流 IDE 硬盘数据缓存都达到了 2MB 或 8MB，SCSI 最高缓存达到了 16MB。

3．防震技术

目前硬盘的防震技术主要有 SPS 防震保护系统和 Shock Block 防震保护系统。

- **SPS 防震保护系统**：主要是分散外来冲击能量，尽量避免硬盘磁头和盘片之间的意外撞击，使硬盘能够承受 10000N 以上的意外冲击力。
- **Shock Block 防震保护系统**：是 Maxtor 公司的专利技术，但也是采用分散外来的冲击能量的方法，尽量避免磁头和盘片相互撞击，它能承受的最大冲击力可以达到 15000N 甚至更高。

4．数据保护技术

数据保护技术有数据卫士、DPS、Max Safe 和 S.M.A.R.T 技术等几种。

- ➥ **数据卫士**：该技术是西部数据（WD）公司独有的，它能够在硬盘工作的空余时间里，每 8 个小时自动执行硬盘扫描、检测以及修复盘片的各扇区等步骤，其操作完全是自动运行，无须用户干预与控制，特别是对初级用户与不懂硬盘维护的用户十分适用。

- ➥ **DPS（数据保护系统）**：DPS 的工作原理是在其硬盘的前 300MB 内存放操作系统等重要信息，DPS 可在系统出现问题后的 90s 内自动检测恢复系统数据，如果不行，则启用随硬盘附送的 DPS 软盘，进入程序后 DPS 系统模式会自动分析造成故障的原因，尽量保证用户硬盘上的数据不受损失。

- ➥ **Max Safe 技术**：Max Safe 的核心就是将附加的 ECC 校验位保存在硬盘上，使硬盘在读写过程中，每一步都要经过严格的校验，以此来保证硬盘数据的完整性。

- ➥ **S.M.A.R.T 技术**：S.M.A.R.T 技术就是人们常说的"自动检测分析及报告技术"，目前绝大多数硬盘已经普遍采用该技术，这种技术可以对硬盘的磁头单元、盘片电机驱动系统、硬盘内部电路以及盘片表面媒介材料等进行监测，当 S.M.A.R.T 监测并分析出硬盘可能出现问题时会及时向用户报警以避免电脑数据受到损失。

5．其他综合技术

硬盘最大相似性（partial response maximum likelihood，PRML）技术可以使硬盘单位盘片存储更多的数据。并且 PRML 在增加硬盘容量的同时，还可以有效地提高硬盘数据的读取和传输率。

超级数字信号处理器（Ultra DSP）及接口技术。采用 Ultra DSP 技术后，单个 DSP 芯片可以同时提供处理器及驱动接口的双重功能，以减少对其他电子元件的依赖，这样大大地提高了硬盘的速度和可靠性。Ultra DSP 接口技术极大地提高了硬盘的最大外部传输率，可以把数据从硬盘直接传输到主内存而不占用更多的 CPU 资源，提高系统性能。

3D 保护系统（3D defense system）技术是美国希捷公司独有的一种硬盘保护技术，主要包括磁盘保护（drive defense）、数据保护（data defense）和诊断保护（diagnostic defense）3 个方面的内容。

5.1.4　硬盘的选购

目前各种软件的功能越来越多，占用的硬盘空间也越来越大，小容量硬盘已经不能满足用户的需求。但是，购买硬盘时也不能单方面考虑硬盘的容量，要综合多方面的因素进行考虑，除硬盘的容量外，还有转速、稳定性、硬盘接口、发热问题和识别硬盘等，下面将分别对其进行讲解。

1．容量

通常在购买硬盘时首要考虑的是硬盘容量。硬盘的容量和价格有这样的关系：硬盘的容量越大，为其每单位容量所付的费用就越低。硬盘内每张盘片容量的大小即为硬盘单碟容量，单碟容量越大，实现同样大小的容量可以用更少的碟片数，这样可以有效地降低硬盘成本。同时，相同容量的硬盘所使用的盘片数越少，其相对的平均寻道时间也就越短，这样硬盘的数据传输速率也就越高。

2. 转速

硬盘的主轴电机是硬盘盘片转动的动力来源，它直接决定了硬盘的转速。理论上，硬盘的转速越快越好，转速越快，硬盘平均寻道时间和数据存取时间也就越短，数据的传输率也就越高。不过，随着硬盘转速的提高，给硬盘带来的负面影响也越大，硬盘的发热量增大，电机的耗电量也增高，震动也会增大，给电脑的稳定运行带来了隐患。

3. 稳定性

除了容量和转速之外，硬盘运行时的稳定性也是值得考虑的因素。即使速度快、容量大的硬盘，但如果稳定性很差，经常出现系统死机，或在用一段时间后无故出现坏道，都会影响正常使用，所以在选购之前最好了解相关硬盘的评测数据或向他人了解具体的硬盘使用情况。

4. 硬盘接口

通常对硬盘的分类也是按照其接口的类型进行分类的，常见的硬盘接口主要有 ATA 和 SATA 两种，如图 5-5 为 SATA 类型的硬盘接口，下面分别进行讲解。

跳线接口　　　　　　　　　　　　　　　　数据线接口
　　　　　　　　　　　　　　　　　　　　电源线接口

图 5-5　硬盘的接口

> ⤷ ATA：ATA 包含了 ATA1~ATA7 多个标准。它是一个关于 IDE（Integrated Device Electronics）的技术规范族。因此，也被称为 IDE 接口，IDE 接口硬盘具有兼容性高、速度快和价格低廉的优点，其接口速率有 66MB/s、100MB/s 和 133MB/s 3 种，目前市场上已很少有这种接口的硬盘。

> ⤷ SATA：SATA 是 Serial ATA 的缩写，即串行 ATA，SATA 总线使用嵌入式时钟信号，具备了更强的纠错能力，与以往相比其最大的区别在于能对传输指令（不仅仅是数据）进行检查，如果发现错误会自动进行矫正，这在很大程度上提高了数据传输的可靠性。串行接口还具有结构简单、支持热插拔的优点。其接口速率有 150MB/s、300MB/s 和 600MB/s。

5. 发热问题

随着硬盘主轴电机的转速越来越快，硬盘的发热量也越来越大。若硬盘散发的热量不能及时地散掉，持续增加的热量会使硬盘的温度急剧升高。这会使硬盘的电路工作不稳定，在高温下，硬盘的盘片与磁头长时间工作也容易使盘片出现读写错误和坏道，这对硬盘使用寿命也有极大的影响。

6．根据硬盘铭牌识别硬盘

当用户拿到一块硬盘时，想知道这块硬盘的容量有多大、转速是多少和缓存有多大，可以通过硬盘上的铭牌获知。如图 5-6 所示为一个希捷硬盘的铭牌所表示的含义。

图 5-6　硬盘铭牌

5.1.5　应用举例——主流硬盘产品

了解了硬盘的基本信息，用户可在购买时进行比较和选择，下面将对几款高中低端的硬盘分别进行介绍。

🔔 **注意：**

> 目前市场上主流的硬盘品牌有希捷、日立、三星和西部数据等，且每种品牌的硬盘都具有高、中、低端的产品，用户在购买时应该注意进行对比。

1．高端硬盘

高端硬盘不仅拥有大的容量，在其他的性能方面也非常强大，下面推荐几款高端硬盘。

➜ **西部数据 1TB SATAII 32M WD1001FALS**：采用了三碟六面的设计，32MB 缓存，单碟容量达到了 334GB，转速仍是标准的 7200RPM。其独特之处在于每一颗硬盘上搭载了两颗数据处理器，可以完整发挥出单碟容量 334GB 的效能。此外 334GB 超大的单碟容量也有助于硬盘传输性能的提升，如图 5-7 所示即为西部数据 1TB SATAII 32MB WD1001FALS。

➜ **希捷 Barracuda XT 2TB 64MB**：采用四碟装设计，单碟容量达到 500GB，拥有 7200RPM 转速，64MB 缓存，最大数据传输速度 140MB/s，支持 SATA 6Gbps 接口规范，面密度为 368Gb/平方英寸，为所有 PC 应用提供最高的性能。如图 5-8 所示即为希捷 Barracuda XT 2TB 64MB。

图 5-7　西部数据 1TB SATAII 32MB WD1001FALS　　图 5-8　希捷 Barracuda XT 2TB 64MB

2. 中端硬盘

中端硬盘能满足大部分用户的要求，下面推荐几款中端硬盘。

- 三星 P120 系列 SP2004C：总容量为 200GB，7200rpm，拥有双盘片设计，单碟容量为 125GB，内建 8MB 缓存设计。另外，SP2004C 采用了液态轴承电机技术，在噪音上控制得相当不错。使用 Serial-ATA II 代传输接口，理论数据传输速率为 300MB/s，如图 5-9 所示即为三星 P120 系列 SP2004C。

- OCZ 的 Apex：闪存控制器技术，让 OCZ 能够使用廉价低速的 MLC 闪存颗粒，实现 230MB/s 的持续读取速度和 160MB/s 的写入速度。Apex 系列硬盘容量有 60GB、120GB、250GB 三种，读写延迟 0.2~0.3ms，平均无故障工作时间 150 万小时，2.5 寸标准规格重 77g，如图 5-10 所示为 OCZ 的 Apex 硬盘。

图 5-9　三星 P120 系列 SP2004C　　　　图 5-10　OCZ 的 Apex

3. 低端硬盘

低端硬盘适用于对硬盘要求不高，且用途单一的用户，下面推荐几款低端硬盘。

- 西部数据 WD5000AADS：应用了可实现更高面密度的垂直磁记录（PMR）技术，达到了 500GB 的单碟容量，相较过去的双碟产品，功耗和工作温度都有明显的降低，并且提高了稳定性和磁盘性能，另外 WD5000AADS 的磁盘缓存也升级到了 32MB，采用 SATA 3Gbps 接口，转速为节能时 5400rpm、全速 7200rpm，读/写功耗为 5.4W，如图 5-11 所示即为西部数据 WD5000AADS。

- 日立 Deskstar 7K1000.B：具有可选的批量数据加密（BDE）功能，采用经美国国家标准和技术研究机构（NIST）批准的高级加密标准（AES），实现最强大的商业数据安全保护。使用密钥在数据写入硬盘时将其扰码，当数据被检索到时，再用密钥解扰。BDE 也加速和简化了硬盘的再布署过程，通过删除加密密钥，硬盘内的数据可变成不可读取，从而无需费时抹掉数据，如图 5-12 所示即为日立 Deskstar 7K1000.B。

图 5-11　西部数据 WD5000AADS

图 5-12　日立 Deskstar 7K1000.B

5.2　光　驱

光盘驱动器简称光驱，是电脑中最重要的外部存储器之一。在早期的电脑中是没有光驱的，只有软驱，电脑之间数据和文件的复制、移动都是通过软盘实现的。有时复制大容量的数据文件要用很多张软盘，如果只要有一张软盘有问题，整个操作便会无法进行。随着文件容量的增大，小小的软盘已经不能满足人们的需求，并且软盘很容易被损坏导致数据无法读取，这便促使人们去开发新的存储设备，于是光驱便诞生了。

5.2.1　光驱的概述

光驱采用光盘片作为存储数据的介质，光盘是指用光学的方法读写数据的一种信息记录媒体，具有经济实惠、使用方便等优点，如今光驱已经是多媒体系统必备的硬件之一。如图 5-13 所示。光盘具有存储容量大、成本低的特点，许多软件公司也把各种电脑软件刻在光盘片上进行发售，如 Windows 操作系统、Office 办公软件等。

图 5-13　光驱

光盘驱动器的工作原理是当光驱读盘时，用光反射原理将光盘上的数据读取出来。这与早期电脑中使用的打孔机类似，只是光驱以光盘为介质，以红外光作为数据的读取方式。

目前光驱可分为 CD 光驱（CD-ROM）、DVD 光驱（DVD-ROM）和刻录机等，而康宝（COMBO）是一种集合了 CD 刻录、CD-ROM 和 DVD-ROM 为一体的多功能光存储产品。

（1）CD-ROM 光驱

又称为致密盘只读存储器，是一种只读的光存储介质，如图5-14所示。它是利用原本用于音频 CD 的 CD-DA（Digital Audio）格式发展起来的。这种光驱一般除了能读 CD 格式的碟片外，还可读取 VCD、MP3 等格式的碟片内的文件，当然也可读取电脑的各种应用软件的文件。

图 5-14   CD-ROM 光驱

（2）DVD-ROM 光驱

DVD-ROM 光驱是一种可以读取 DVD 碟片的光驱，除了兼容 DVD-ROM、DVD-VIDEO、DVD-R、CD-ROM 等常见的格式外，对于 CD-R/RW、CD-I、VIDEO-CD、CD-G 等都可以很好的支持。简单地说，DVD 光驱除了可读取 CD-ROM 光驱能读取的格式文件外，还能读取 DVD 格式的文件（碟片），如图5-15所示为 DVD-ROM 光驱。

图 5-15   DVD-ROM 光驱

5.2.2   光驱的性能指标

目前主流的光驱已经是 DVD-ROM，也就是常说的 DVD 光驱，其最高速度已达 16×。由于 DVD-ROM 是由 CD-ROM 发展而来的，因此下面将主要介绍 CD-ROM 的性能指标。

1．接口类型

目前市面上的光驱接口主要有 IDE、EIDE、SCSI 和 USB 等。后两种接口的传输速度较快，但是 SCSI 接口的 CD-ROM 价格较贵，安装较复杂，需要专门的转接卡。因此对一般用户而言应尽量选择 IDE（或 EIDE）接口的 CD-ROM。现在的 IDE 接口光驱大部分采用了 Ultra DMA/33 标准，有的还采取了 Ultra DMA/66 标准。在传输方式上，Ultra ATA33 采用总线主控方式，安装有控制光盘读写的 DMA（Direct Memory Access）控制器，外部传输速度最高可达 33MB/s，占用 CPU 的资源通常在 2%~8%之间。

2．高速缓存

光驱的缓存是提高光驱综合性能的一个重要因素，其工作原理与主板缓存相似。理论上缓存越大，光驱速度越快，如 SCSI 光盘的数据缓存一般都在 1MB 左右，有的甚至达到了 2MB。不过对于 IDE 接口的光驱来讲，由于面向普通用户，特殊用途不多，因此其多数产品的缓存仍使用 128KB 或 256KB。

3．平均寻道时间

平均寻道时间也称平均读取时间（average seek time），它也是衡量光驱性能的一个重要标准。它指的是从检测光头定位到开始读盘这个过程所需要的时间，单位是 ms。该参数与数据传输率有关。数据传输率相同的光驱，由于采用不同的控制系统，其平均读取时间可能有很大的差别。一般来说，平均寻道时间越小越好。

4．倍速

在制定 CD-ROM 标准时，把 150Kb/s 的传输率定为标准，后来驱动器的传输速率越来越快，就出现了 40×、50×甚至 52×倍速的光驱。如 50×倍速的 CD-ROM 驱动器理论上的数据传输率应为 150×50=7500Kbps。虽然高速光驱的传输速度快，但高速运转的光驱对 CPU 资源的占用率比较高，并且噪声、耗电量和发热量也会相应地增加，所以倍速不是选购光驱的唯一标准，选购光驱时应从光驱的容错性、稳定性、发热量、噪声大小等多方面综合考虑。

5．容错性

光驱的容错性即读盘能力，是光驱的一个重要指标。容错性越高的光驱对盘片的识别能力也越强，选购光驱时在同等条件下应尽量选择容错性好的产品。

6．光驱读取方式

现在的光驱有 3 种不同的读取方式：第 1 种是恒定角速度方式（constant angluar velocity，CAV）；第 2 种是恒定线速度方式（constant linear velocity，CLV）；第 3 种是局部恒定角速度方式（partial constant angular velocity，PCAV）。下面介绍这 3 种技术各自的优缺点。

- **CAV 技术**：CAV 技术的优点是读取光驱的转速不变，可使其可靠性和寿命大为加强；缺点在于读取光盘内外圈的数据时，传输速率不一样，这就无法体现高速光驱性能的优越性。
- **CLV 技术**：CLV 技术的优点是可使光驱的数据传输率保持在一个恒定的状态，从而保证了光驱的内外沿读取数据的一致；缺点在于读取光盘内外圈时，光驱的电机速度会经常改变，容易使光驱的寿命降低。
- **PCAV 技术**：PCAV 技术综合 CLV 和 CAV 技术的优点，在随机读取光盘时采用 CLV 加速，而一旦激光头无法正确读取数据时，立刻转为 CAV 方式减速读取。

5.2.3　光驱的选购

光驱是经常使用的输入设备，为了能买到一个质量好的光驱，在选购光驱时主要应注意以下几点。

1．查看光驱的包装

光驱的包装盒（如图 5-16 所示）里应该有质量良好的光驱保护泡沫、光驱驱动盘、未拆封的光驱说明书和音频线，以及产品合格证和保修卡，而假冒或水货的包装都较为粗糙，并且合格证或保修卡不齐全。

图 5-16　华硕光驱包装盒

2．查看光驱的外壳

质量好的光驱应具备以下几点：面板和光盘托盘都采用优质塑料制作，无毛刺感；金属外壳的镀层手感好、有光泽；内部结构稳定，轻摇光驱时内部无响声；光驱顶面印有光驱的技术参数，清晰可见。光驱的托盘弹出平缓顺畅，不出现卡住的现象。

3．纠错测试

在购买前带几张质量不是很好的光盘，可以在选择光驱时测试光驱的纠错能力。

4．用手掂量

光驱的机芯有塑料机芯和全钢机芯两种。塑料机芯在光驱工作时的高温环境下会很快老化；而全钢机芯能保证光驱读取速度稳定、快捷，同时最大化地减少机械的老化，这种光驱与塑料机芯光驱相比，分量比较重。因此选购时应尽量选择全钢机芯的光驱。把光驱放在手里，用手掂量，比较重的就是全钢机芯。

5.2.4　应用举例——主流光驱产品

目前市场上的主流光驱品牌有三星、明基、先锋和华硕等，也有高、中、低端之分，下面将分别对其进行介绍。

- **高端光驱**：华硕静音王 DVD-E818AT（如图 5-17 所示）采用了黑色调的包装，包装中间的"18× SATA"字样十分醒目。其背面则介绍了它所采用的华硕标志性静音技术：AVRS 自动减震系统和 AFFM 空气流场导正技术。为方便用户搭配不同色调的机箱，这款光驱提供了黑、白、银三种颜色的面板，整个外观简洁优雅。
- **中端光驱**：先锋 130D 黑炫峰（如图 5-18 所示）采用目前市场主流的短机身设计，保证主机内部的气流正常流通的同时，减少接触面积，有效控制光驱在读盘时产生的共振噪音。另外，这款光驱的顶盖加入四方凹槽，配合气流导流道，让 130D 稳定读盘的同时，极大地降低了使用时的噪音。
- **低端光驱**：明基 DD165N（如图 5-19 所示）拥有 256KB 缓存容量，最大支持 16×DVD-ROM 和 50×CD-ROM 读取，并且支持目前主流 DVD 与 CD 格式。另外，其采用了自平衡滚珠系统，使 DVD 碟片播放更流畅；隔离式仓体结构，保证了光头的精准定位及长久寿命；强效 U 形的冷却系统，增强盘片运转稳定性，黑色托盘全暗室设计，降低杂光干扰，有效增强读盘能力。

图 5-17　华硕静音王 DVD-E818AT

图 5-18　先锋 130D 黑炫锋

图 5-19　明基 DD165N

5.3　刻　录　机

刻录机是可以用来刻录光盘的光驱，光驱的所有的特性都适用于刻录机，除此以外，刻录机还有一些独有的性能指标，下面将分别进行讲解。

5.3.1　刻录机的种类

目前市场上的刻录机主要有 DVD 刻录机、蓝光康宝（BD Combo）和蓝光刻录机 3 种类型。下面将分别进行介绍。

- DVD 刻录机：DVD 刻录机能兼容读取所有格式的光盘，并且能刻录 CD、DVD 等多种格式的光盘，是目前功能最强大的光盘驱动器。由于 DVD 光盘的大容量，使得 DVD 刻录机越来越受到用户的青睐。如图 5-20 所示为一款便携式刻录机。
- 蓝光康宝：“康宝”光驱是人们对 COMBO 光驱的俗称。而 COMBO 光驱是一种集合了 CD 刻录、CD-ROM 和 DVD-ROM 为一体的多功能光存储产品。COMBO 光驱具备 DVD 光驱的功能，并且能刻录 CD-R 和 CD-RW 格式的光盘。COMBO 光驱的出现使 DVD 光驱和 CD 刻录机合为一体，用户不用再单独购买这两种设备。如图 5-21 所示为一款 COMBO 光驱。

图 5-20　便携式刻录机

图 5-21　COMBO 光驱

- 蓝光刻录机：能够刻录各种 BD 刻录光盘、DVD 刻录光盘和 CD 刻录光盘，且能作为蓝光光驱使用，如图 5-22 所示为 SONY 蓝光刻录机。

图 5-22　SONY 蓝光刻录机

5.3.2　刻录技术

刻录机所具有的可刻录技术有一次性刻录技术和可反复刻录技术两种，下面将分别进行讲解。

- **一次性刻录技术**：将数据通过刻录机写入 CD-R、DVD-R 或 BD-R 光盘的过程，即一次性刻录数据。根据刻写数据的不同，刻录机的激光头将控制发射激光束的功率，使在喷涂了一层染料层的刻录光盘上的部分染料受热分解，这样就可在空白的光盘上刻录出可供读取的反光点。但这种光盘染料层分解后不能复原，因此，刻录光盘只能刻录一次数据。
- **可反复刻录技术**：使用可反复刻录技术的刻录机刻录的 CD-RW、DVD-RW 或 BD-RE 光盘，由于光盘的反光信号会因反复的擦写而降低，因此，在刻录光盘时需要支持该刻录技术的刻录机。

提示：

刻录机的速度从最初的 1×、2×，达到了目前 52× 甚至更快，CD 刻录机的最快速度达到 52×，DVD 刻录机的最快速度达到 16×，蓝光刻录机的最快速度达到 8×。

5.3.3　应用举例——主流刻录机产品

目前市场上的主流刻录机品牌有三星、明基、先锋和华硕等，其有高、中、低端之分，下面将分别对其进行介绍。

- **高端刻录机**：建兴 12 速 iHBS212 蓝光刻录机（如图 5-23 所示），8MB 的缓存容量、12× 的刻录速度以及支持光雕都让这款产品成为无可挑剔的型号。配合静音技术，可以在安静的环境里保质保量，在短时间内完成蓝光刻写任务。
- **中端刻录机**：华硕 DRW-1608P 刻录机（如图 5-24 所示），其刻录规格有 16×DVD+R、8×DVD+RW、40×CD-R、24×CD-RW，缓存为 2MB。采用 FlextraLink（废片终结刻录技术）、FlextraSpeed（智能型刻录速度调整技术）、DDSS II（第二代双层悬吊动态防震技术）刻录技术。
- **低端刻录机**：三星金将军 DVD 刻录机白金版/黄金版（TS-H552U/CHSH），其刻录规格有 16×DVD±R、4×DVD±RW、40×CD-R、32×CD-RW 和 5× 的双层 DVD+R

刻录，缓存为 2MB，采用 BURN-Proof 刻录技术。如图 5-25 所示为三星金将军 DVD 刻录机白金版（TS-H552U）。

 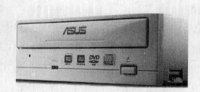 

图 5-23　建兴 12 速 iHBS212 　　　图 5-24　华硕 DRW-1608P 　　　图 5-25　三星金将军 DVD 刻录机

提示：

> CD 光驱只能读 CD 盘，DVD 光驱只能读 CD 和 DVD 盘；COMBO（康宝）可以读 CD 和 DVD 盘，但是只能刻 CD 盘；CD 刻录机可以读 CD 盘，也能刻 CD 盘；DVD 刻录机可以读 CD 和 DVD 盘，也能刻 CD 和 DVD 盘。

5.4　移动存储设备

移动存储设备主要有 U 盘和移动硬盘，使用其进行数据的存储和转移非常方便，下面将对其基本知识进行介绍。

5.4.1　U 盘

U 盘，全称"USB 闪存盘"，英文名 USB flash disk。它是一个 USB 接口的无需物理驱动器的微型高容量移动存储产品，如图 5-26 所示，可以通过 USB 接口与电脑连接，实现即插即用。它由硬件部分（其中核心硬件有 flash 存储芯片和控制芯片；其他元器件有 USB 接口、PCB 板、外壳、电容、电阻和 LED 等）和软件部分（包括嵌入式软件与应用软件）组成。具有读写速度快、容量大和可重复读写等特点，采用 USB 接口，属于即插即用设备。目前常见的 U 盘容量有 2GB、4GB、8GB、16GB、32GB、64GB 和 128GB，某些 U 盘生产商生产的 U 盘还提供了引导启动、加密、杀毒和分区等功能。

图 5-26　U 盘

U 盘的称呼最早来源于朗科公司生产的一种新型存储设备，使用 USB 接口进行连接。USB 接口连到电脑的主机后，U 盘中的资料可与电脑进行交换，给用户进行资料转移带来了极大的方便。

5.4.2 移动硬盘

移动硬盘（Mobile Hard disk），顾名思义是以硬盘为存储介质，实现电脑之间大容量数据的交换，强调便携性的存储产品，如图 5-27 所示。市场上绝大多数的移动硬盘都是以标准硬盘为基础的，而只有很少部分的是以微型硬盘（1.8 英寸硬盘等），但价格因素决定着主流移动硬盘还是以标准笔记本硬盘为基础。因为采用硬盘为存储介质，因此移动硬盘在数据的读写模式与标准 IDE 硬盘是相同的。移动硬盘多采用 USB、IEEE1934 等传输速度较快的接口，可以较高的速度与系统进行数据传输。目前主流 2.5 英寸品牌移动硬盘的读取速度约为 15~25MB/s，写入速度约为 8~15MB/s。

图 5-27　移动硬盘

5.4.3 选购移动设备

移动存储设备几乎都有相同的性能指标，除了容量与速度外，还需考虑以下两点因素。

- **设备安全性**：U 盘的 Flash 芯片的材质可影响其品质，因此，若材质不好，在使用一段时间后将出现容量变小的情况，这种变化会造成用户数据的丢失，给用户带来极大的损失。对于 U 盘来说，理论上可正常擦写可达 100 万次，因此，在选购 U 盘时应到正规商店购买。

- **设备实用性**：购买移动存储设备时，应根据具体需要进行购买，如需存储的数据量并不大，可考虑购买 U 盘；如需要存储一些大型的文件或大型的软件，则可考虑选择移动硬盘。

🔊 提示：

> U 盘和移动硬盘没有具体的型号，通常用户在购买时可选择的是它的品牌和容量。目前市场上主流的 U 盘和移动硬盘的品牌：U 盘有金士顿、宇瞻、威刚、台电、芯潮、爱国者、清华紫光、朗科和纽曼等；移动硬盘有希捷、三星、忆捷、日立、东芝、联想、爱国者、方正、迈拓和微星等，可根据实际情况进行。

5.5　上机及项目实训

5.5.1　打开机箱查看硬盘和光驱的安装位置

本例通过拆卸完整的主机进行观看，了解硬盘和光驱在主机中的安装位置以及其接线的连接方法。

其操作步骤如下：

（1）使用螺丝刀将主机箱的侧面盖拆卸，将其平放，如图 5-28 所示，

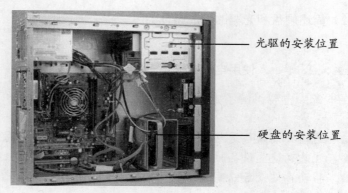

图 5-28　硬盘和光驱的位置

（2）在其中可观察到硬盘是固定在与机箱正面相对应的一角，在其上连接有电源线（连接电源）和数据线（连接主板）。

（3）可观察到光驱位于电源的同侧，也连接有电源线和数据线。

5.5.2　查看 USB 接口并连接 U 盘

本例将通过观察主机箱上的 USB 接口的位置，并确定 U 盘或移动硬盘的连接位置，通过本例将了解 U 盘等在电脑上的连接。

主要操作步骤如下：

（1）观察主机箱上的 USB 接口，如图 5-29 所示为主机箱的正面和背面的 USB 接口位置。

图 5-29　USB 接口

（2）将 U 盘或移动硬盘插入 USB 接口中，电脑检测到并自动安装驱动程序后即可使用。

（3）需要注意的是最好将 U 盘或移动硬盘连接到机箱的背面 USB 接口中，因为其由主板直接供电，比正面电压更稳定。

5.6　练习与提高

（1）通过硬盘和光驱的铭牌获取其基本信息，如硬盘的容量大小、电压和光驱的转速等信息。

（2）简述硬盘和光驱的性能指标。

 使用电脑存储设备的注意事项

在本章中主要讲解了电脑存储设备的相关知识，通过学习，主要有以下几点注意事项。

- 这些存储设备是电脑中使用频率较高且不可缺少的存储器。
- 在选购这些设备时应注意其实用性和产品的质量、性能等因素。
- 移动存储设备以高速、便捷等优点受到广大电脑用户的青睐，且其最大的优点在于其安全性。

第6章 电脑的显示系统
——显卡和显示器

学习目标

- ☑ 认识显卡，了解显卡的结构和分类
- ☑ 了解显卡的性能指标并掌握选购显卡的方法
- ☑ 了解各类显示器的特点
- ☑ 了解显示器的性能指标和主流显示器的选购

目标任务&项目案例

显卡

主板上的显卡

CRT 显示器

LCD 显示器

　　电脑的显示系统主要由显卡和显示器组成，电脑的显示效果与显卡的优劣和显示器的性能有着密不可分的关系。本章将对显卡和显示器的相关知识进行详细的介绍，使用户在选购时能做出正确的判断，同时介绍目前市场上主流的显卡和显示器产品，让用户了解目前市场上的最新动态。

6.1 认 识 显 卡

显卡是电脑的重要组成部分，没有显卡电脑将不能正常工作，显卡的基本作用是控制电脑图形的输出。

6.1.1 显卡概述

随着电脑产品的不断发展，多媒体技术的不断改进，要使丰富多彩的图文展现在显示屏幕上，是离不开显卡的，下面将对显卡进行简单的介绍。

1．显卡简介

显卡又称为显示适配器，如图 6-1 所示。它是显示器与主机通信的控制电路和接口，主要由显示芯片、显示存储器、BIOS 芯片、控制电路和接口等部分组成。显卡一般是一块独立的电路板，插在主机板上。显卡接收由主机发出的控制显示系统工作的指令和显示内容，然后通过输出信号控制显示器显示各种字符和图形。

2．显卡的工作原理

目前的显卡拥有独立的显示芯片和显示存储器，专门用于图形函数的处理，减少了 CPU 处理图形函数的负担。如图 6-2 所示为独立显卡的显示效果，CPU 只需要发出让显卡显示图像的指令，剩下的工作就由显卡的显示芯片（GPU）来进行，这样 CPU 即可执行其他的任务，由此可以大大提高电脑的整体性能。

显卡的工作原理是：首先将 CPU 送来的数据送到北桥（主桥），再送到图形处理器里面进行处理，处理完的数据送到显存，从显存读取出数据再送到 RAM DAC 进行数据转换的工作（即数字信号转模拟信号），最后将转换完的模拟信号送到显示屏。

图 6-1　显卡

图 6-2　独立显卡显示效果

6.1.2 显卡的结构和分类

对显卡的基本概况有了基本的了解后，还需要进一步了解显卡的结构组成和类型，下面将对其进行简单的介绍。

1．显卡结构图解

显卡的基本结构包括显示输出端口、显示芯片、显示存储器、显卡总线接口和显卡

BIOS，如图 6-3 所示，下面将对其进行简单的介绍。

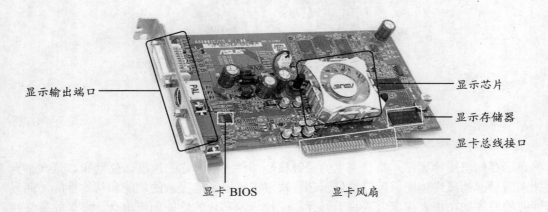

图 6-3　显卡的基本结构

（1）显卡输出端口

显卡将信息处理完成后需要将其输出到显示器，显卡的输出接口就是连接电脑主机与显示器之间的桥梁，它负责向显示器输出相应的图像信号。显卡的输出接口主要有 VGA、VIVO、DIV 和 TV-OUT 接口，如图 6-4 所示。

VGA 接口

VIVO 接口

DIV 接口

TV-OUT 接口

图 6-4　显卡输出端口

（2）显示芯片

显示芯片是显卡的核心芯片，它的主要作用是处理系统输入的视频信息并将其进行构建、渲染等工作。显示芯片的好坏决定了显卡性能的高低。显示芯片是显卡上的一个重要部分，用来处理软件指令，让显卡能完成某些特定的绘图功能。如今显卡功能越来越强，发热量也逐渐增多，因此市场上显卡的显示芯片上都有散热片和散热风扇，能使显卡能够更加稳定地工作，如图 6-5 所示为安装有散热风扇的显卡芯片。

图 6-5　显卡芯片

（3）显示存储器

显示存储器简称显存，是显卡上的关键核心部件之一，它的速度、位宽和容量大小直接关系到显卡的最终性能。可以说显示芯片决定了显卡所能提供的功能和基本性能，而显卡性能的发挥则在很大程度上取决于显存。无论显示芯片的性能如何出众，显卡的最终性能都要通过配套的显存来体现。

显存用来存储显卡芯片处理过或者即将提取的渲染数据。如同电脑的内存一样，显存是用来存储要处理的图形信息的部件，如图 6-6 所示为一款三星的显存。

目前市场中所采用的显存类型主要有 DDR SDRAM 和 DDR SGRAM 两种。

- DDR SDRAM：是市场中的主流产品，一方面工艺的成熟，批量的生产导致其成本降低，使得它的价格便宜；另一方面它能提供较高的工作频率，带来优异的数据处理性能。
- DDR SGRAM：是显卡厂商特别针对绘图者需求，为了加强图形的存取处理以及绘图控制效率，从同步动态随机存取内存（SDRAM）改良而得到的产品。SGRAM 允许以方块

图 6-6　显存

（blocks）为单位个别修改或者存取内存中的资料，能够与 CPU 同步工作，可以减少内存读取次数，增加绘图控制器的效率，虽然它稳定性不错，而且性能表现也很好，但是它的超频性能很差。

提示：

除此之外，还有 SDRAM 类型的显存，其频率一般不超过 200MHz，在价格和性能上它与 DDR 相比都没有什么优势，因此逐渐被 DDR 取代。

（4）显卡总线接口

显卡需要与主板进行数据交换才能正常工作，因此它需有与之对应的总线接口。主要的总线接口有 AGP 接口、PCI 接口和 PCI-Express 接口 3 种。通常所说的 AGP 是 Intel 的标准，它的主要特征是可以调用主内存作为显存，以达到降低成本的目的，不过其没有真正的显存性能好。AGP 技术又分为 AGP 8×、AGP 4×、AGP 2× 和 AGP 1× 等不同的标准。PCI-Express 接口具有更大的传输带宽来满足图形技术日益增加的数据量。

（5）显卡 BIOS

显卡 BIOS 同主板的 BIOS 相似，显卡的 BIOS 记录了显示芯片与驱动程序间的控制程序和产品标识等。早期的显卡 BIOS 使用的都是 ROM，用户无法修改升级，现在显卡 BIOS 都采用 EEPROM 芯片，可以在特定的条件下进行修改升级，如图 6-7 所示。

图 6-7　显卡 BIOS

2．显卡的分类

从宏观的角度看，显卡大致可以分为 3 大类：纯二维（2D）产品、纯三维（3D）产品、二维+三维（2D+3D）产品。而区别 3 类产品的硬件因素主要有两个：核心加速芯片和显示存储器。

（1）纯二维（2D）产品

纯二维（2D）产品使用一块计算 X 轴和 Y 轴像素的处理芯片，并且配合低速显示存储器，因此在处理高分辨率的图形资料时，就会出现严重的闪烁现象，对人的眼睛伤害极大，目前市场上很少能看到这类产品。如图 6-8 所示为一款老式的 2D 显卡。

（2）纯三维（3D）产品

纯三维（3D）产品在专业 3D 领域中有极强的优势。这类产品也是我们常说的专业显卡，它与相应的专业 3D 软件配合使用时，可以实时处理表现力复杂的 3D 模型。但其缺点也比较突出：一是必须使用与硬件相配合的专用 3D 软件，否则硬件优势无法发挥；二是在 2D 方面的表现不尽理想，处理微软 Office 系列、Photoshop（广告设计专用）、Premiere（影视特效专用）等图形软件的速度相对较慢。如图 6-9 所示为一款 3D 显卡。

图 6-8　2D 显卡

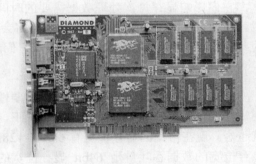

图 6-9　3D 显卡

（3）二维+三维（2D+3D）产品

这种类型的显卡在 2D 技术表现方面已经非常完善，处理文字表格等文件时速度较快，表现广告、动画、影视等效果时也逼真。在 3D 技术方面，容纳了最新 3D 技术，如 Open GL、Direct DRAW、Direct 3D 的专业游戏接口等，使普通家庭和商业用户在 PC 机上就可以领略到 3D 技术的精妙。硬件三维技术和 32 位操作系统的巧妙配合以及在多媒体中表现的增强，已经实现了视频会议、电视、解压、PC 转 TV 和 DVD 等多种功能。如图 6-10 所示为一款华硕的（2D+3D）显卡。

图 6-10 （2D+3D）显卡

6.1.3 显卡的性能指标

显卡的性能指标主要有显存容量、显存速度以及显存位宽，通过了解显卡的性能指标，可以判断显卡的好坏，下面将分别对其进行详细讲解。

1．显存容量

显存担负着系统与显卡之间数据交换以及显示芯片运算 3D 图形时的数据缓存，因此显存容量的大小决定了显示芯片处理的数据量。从理论上讲，显存容量越大，显卡性能就越好。而实际上，同一块显卡显存为 256MB 和显存为 512MB 的性能差异不大，而显存速度和显存位宽才是影响显卡性能的关键指标。

2．显存速度

显存速度是显存非常重要的一个性能指标，显存速度取决于显存的时钟周期和运行频率，它们影响显存每次处理数据需要的时间。显存芯片速度越快，单位时间交换的数据量也就越大，在同等条件下，显卡性能也将会得到明显的提升。显存的时钟周期以 ns（纳秒）为单位，运行频率则以 MHz 为单位。它们之间的关系为：运行频率=1/时钟周期×1000。

3．显存位宽

显存位宽是显存也是显卡的一个重要性能指标。显存位宽可理解为数据进出通道的大小，在运行频率和显存容量相同的情况下，显存位宽越大，数据的吞吐量就越大，性能也就越好。现在常见的显存位宽有 64bit、128bit 和 256bit，在运行频率相同的情况下，128bit 显存位宽的数据吞吐量是 64bit 显存位宽的两倍，256bit 显存位宽的数据吞吐量是 128bit 显存位宽的两倍。

✎技巧：

> 用小方块颗粒 mBGA 封装显存颗粒的显卡大多数是 128bit 带宽以上的显存，4 颗显存的大多是 128bit，而 8 颗显存的大多是 256bit；采用长条形状的 TSOP 封装显存颗粒的有 64bit 带宽和 128bit 带宽，但没有 256bit 带宽的，4 颗 TSOP 封装显存的多为 64bit 位宽，而 8 颗 TSOP 封装显存颗粒的多为 128bit 位宽。

6.1.4 显卡的选购指南

要选购一款令人满意的显卡，除了要看其性能指标外，还需从实际需求、做工、售后服务等方面进行考虑，下面将分别对其进行讲解。

1．实际需求

用户对显卡的选购不能一味追求高端，这样只会浪费金钱。选购显卡应该从实际需求出发，首先要确定显卡的用途，然后按照显卡高、中、低市场的划分进行选择。一般显卡的需求分为办公应用、游戏玩家和专业设计等 3 类。

提示：

> 一般情况下，用户可将普通的显卡作为办公应用类的显卡，但对于游戏玩家和专业设计类的用途则需要尽量选购性能好的显卡。

2．做工

市面上各种显卡品牌繁多，质量参差不齐。好的显卡，其 PCB 板、线路和各种元件的分布是比较规范的，用户在选购时，可尽量选择使用 4 层以上 PCB 板的显卡。

3．售后服务

显卡的售后服务也是选购显卡的一个重要指标。建议尽量买名牌大厂生产的显卡。

提示：

> 另外，在选购显卡时价位也是需要考虑的一个因素，如果显卡的选料上乘，显存的速度也比较快，那么这块显卡的性能一定不错，价格高点也是理所当然；如果一款显卡价格低于同档次其他显卡很多，那么这块显卡在做工上可能稍次，如显存的位宽只有 64bit，这样的显卡就不值得考虑了。

6.1.5 应用举例——主流显卡产品

目前市场上的显卡竞争激烈，各厂商不断推出新的显卡，下面将介绍几种目前较为热门的显卡。

1．高端显卡

目前市场上热门的高端显卡有如下几种。

➤ **影驰 Geforce GTX 460 HOF**：影驰 Geforce GTX 460 HOF（如图 6-11 所示）是目前首款采用数字供电技术的 GeForce GTX 460 显卡，同时其还应用了热管散热技术和罕见的白色 PCB，该显卡也附赠了影驰特有的超频软件，采用成本高昂的 Volterra 全数字供电方案，由主控芯片 VT1185M、从控芯片 VT1157SF 和配合使用的 Bussmann 排感组成。

➤ **索泰 GTX570**：索泰 GTX570（如图 6-12 所示）采用了 NVIDIA 最新的顶级图形核心 GF110，具备 480 个 CUDA 运算单元，运行频率达到 732MHz，CUDA 运算单元运行在倍速的 1464MHz，在图形效能上可以提供更强劲的表现。特别是 NVIDIA 一贯强势的曲面细分性能，在索泰 GTX570 极速版上得到了很好的体现。"次世代"的画面要求更高的分辨率和更多丰富的纹理，对显存提出了更苛刻的要求，索泰 GTX570 极速版板载 1280MB/320bit 高速 GDDR5 显存，运行频率达到 3800MHz，可以提供 152GB/s 的带宽，满足全高清画质下畅快游戏的需求。

图 6-11　影驰 Geforce GTX 460 HOF　　　　图 6-12　索泰 GTX570

2．中端显卡

目前市场上热门的中端显卡有如下几种。

- 翔升 GTS450：翔升 GTS450 终结版（如图 6-13 所示）512MB D5 显卡配有一个 SLI 接口，方便用户组建 NVIDIA SLI 双卡互联平台。显卡还专配有 2 相滤波电路，可完美去除显卡电路中的杂波，为用户提供完美画质输出。采用主流必备的 HDMI+DVI+VGA 输出接口设计，全方位满足各主流用户，原生 HDMI 无需外接音频输出线，方便用户享受高清影音。

- GTX550 Ti：这款显卡基于 NVIDIA 全新的 GF116 图形核心，其 DirectX 11 领域的性能相比起 AMD 方面的 Radeon HD 5770 来大概会有 35%以上的提升，而在 DirectX 10 性能方面提升幅度大概也可以达到 20%，GeForce GTX550 Ti 将配备两个双链接 DVI-I 接口和一个 mini HDMI 接口用于显示输出，另外这款显卡的 TDP 最大热设计功耗为 110W，此性能应该说相当出色，如图 6-14 所示。

图 6-13　翔升 GTS450　　　　　　图 6-14　GTX550 Ti

3．低端显卡

目前市场上热门的低端显卡有如下几种。

- AMD Radeon HD 6450：这是一款低端独立显卡产品，其针对的目标主要是基于集成显卡方案升级的用户，以及 HTPC 家庭影院电脑用户，Radeon HD 6450 显卡配备了 160 个流处理器，外加 8 个纹理单元，4 个 ROP 单元，支持 64 位显存位宽，如图 6-15 所示。

- 幻影者 GT220：此款显卡采用 40nm 制程的 GT216-350-A2 核心，核心频率/显存频率和 shader 频率分别为 625MHz/790MHz 和 1360MHz, 视频输出接口从左到右依次为 HDMI、VGA 和 DVI 三种接口。PCB 电路采用了日系高品质固态电容搭配下压式散热方式, 保证了显卡正常的工作, 如图 6-16 所示。

图 6-15　AMD Radeon HD 6450

图 6-16　幻影者 GT220

6.2　认识显示器

选择电脑时, 首先提出的指标一定是奔腾、酷睿等一系列与 CPU 有关的数据, 电脑的心脏固然重要, 但对于电脑的"脸"——显示器的选择同样非常重要。显示器是人机互动的窗口, 如果没有显示器, 那么人们也就无法看见电脑所处理过的信息, 并且也无法向电脑发出指令, 让电脑正常工作了。

6.2.1　显示器概述

显示器是显示显卡输出图像的设备, 它是一种电光转换工具。它将显卡输出的数据信号(电信号)转变为人眼可见的光信号, 这样用户就能通过显示屏幕发出的可见光来控制电脑的工作, 并通过显示屏幕了解电脑的最终输出结果, 如图 6-17 所示为显示器以及其重要的接口和连线。

图 6-17　显示器及其接口线缆

6.2.2　显示器的分类

显示器作为人机交流的重要输出设备, 其技术特性是随着时代的前进而不断发展的。

85

从早期的黑白世界到现在的彩色世界，显示器走过了漫长而艰辛的发展历程，随着显示器技术的不断发展，显示器的分类也越来越明细。如今的纯平、大屏幕和高解析度并拥有无数神奇特性的智能彩显，让电脑爱好者尽情遨游在神奇的电脑世界里。目前市场主流的显示器有 CRT、LCD 显示器以及 PDP 显示器，下面分别对其进行介绍。

1．CRT 显示器

CRT 是一种使用阴极射线管（Cathode Ray Tube）实现成像的显示器，它是目前应用最广泛的显示器之一。CRT 纯平显示器具有可视角度大、无坏点、色彩还原度高、色度均匀、可调节的多分辨率模式、响应时间极短等 LCD 显示器难以超过的优点，而且现在的CRT 显示器价格要比 LCD 显示器便宜很多。CRT 显示器可分球面显示器、平面直角显示器和纯平显示器类型，如图 6-18 所示为常见的 CRT 显示器。

平面直角显示器　　　　　　　　　　　　　　　纯平显示器

图 6-18　CRT 显示器

（1）平面直角显示器

平面直角显示器实质上是球面显示器的改进，其显像管的曲率比球面显像管小，其屏幕表面接近平面，而且屏幕 4 个角都是直角。因此，除了能够比传统球面显示器获得更平坦的画面外，还可降低炫光和反射，再配合屏幕涂层等新技术的采用，显示器的显示质量比球面显示器有了明显的提高。

（2）纯平显示器

与平面直角显示器相比，纯平显示器的技术水平和显示效果更上一层楼，现在用户使用的 CRT 一般为纯平显示器。

◀))提示：

> CRT 显示器还包括早期的球面显示器，目前市场上这种显示器已经很少见了。

2．LCD 显示器

LCD 显示器和 LED 显示器都被归为 LCD 显示器类型中，人们所说的 LCD 显示器也包括 LED 显示器，如图 6-19 所示。

LCD 显示器

LED 显示器

图 6-19　LCD 显示器

（1）LCD 显示器

LCD 显示器即液晶显示器，优点是机身薄、占地小、辐射小，给人一种健康产品的形象。但实际情况并非如此，使用液晶显示屏不一定可以保护眼睛，这需要看各人使用电脑的习惯。

（2）LED 显示器

LED 就是 Light Emitting Diode（发光二极管）的英文缩写，简称 LED。它是一种通过控制半导体发光二极管的显示方式，用来显示文字、图形、图像、动画、行情、视频、录像信号等各种信息的显示屏幕。

3．PDP 显示器

PDP（Plasma Display Panel，等离子显示器）是采用了近几年来高速发展的等离子平面屏幕技术的新一代显示设备，它具有厚度薄、分辨率高、占用空间少且可作为家中的壁挂电视使用等优点，代表了未来电脑显示器的发展趋势。

6.2.3　显示器的性能指标

由于 CRT 显示器和 LCD 显示器的原理不同，它们的性能指标也不相同，下面分别进行讲解，用户也可以把这些性能指标作为选购显示器的依据。

1．CRT 显示器的性能指标

CRT 显示器的性能指标主要有显示器尺寸、显像管类型、点距、刷新率、带宽、分辨率、环保认证和调节方式等，下面分别进行介绍。

- **显示器尺寸**：具体表现是显示管的对角线长度，单位为英寸，如 21 英寸、17 英寸、15 英寸等。显示器的尺寸越大越好。显像管的尺寸并不是我们所看到的尺寸，实际有一部分被显示器的边框所遮挡，所以可视面积往往比标称的要稍小一些。

- **显像管类型**：所有的 CRT 显示器都采用的是纯平显像管，屏幕完全为平面，使色彩图像更加逼真。

- **点距**：是同一像素中两个颜色相近的磷光体间的距离。点距越小，显示出来的图像越精细，如今大多数显示器采用的都是 0.24mm 的点距。另外有些专业级的显示器达到的点距更小。

📢 提示：

有的显示器标称的水平点距为 0.24mm，换算成标准点距为 0.28mm，因此选购 0.24mm 点距的显示器时要特别注意厂家说明的是否为水平点距。

➽ **刷新率**：即屏幕刷新的频率。刷新率越低，图像的闪烁和抖动就越厉害。

📢 提示：

现在的显示器都能支持一定范围的刷新频率，17 英寸的显示器在分辨率 1024×768 下建议刷新率要达到 85Hz，这样长时间观看才不会觉得视力疲劳。

➽ **带宽**：是显示器的一个重要性能指标，单位为 MHz，其值越高性能越好。带宽决定着一台显示器可以处理的信息范围，就是指特定电子装置能处理的频率范围。

➽ **分辨率**：是指屏幕上水平方向和垂直方向所显示的像素。如分辨率为 1024×768，表示水平方向上能显示 1024 个像素，垂直方向上能显示 768 个像素。分辨率越高，屏幕上的像素越多，图像就更加精细，但所得到的图像或文字就越小。一般来说，只要显示器的视频带宽大于某分辨率可接受的带宽，它就能达到该分辨率。

➽ **环保认证**：由于 CRT 显示器在工作时会产生辐射，长期的辐射会对人体产生危害。因此各厂商都在开发新技术以降低辐射，国际上也有一些低辐射标准，由早期的 EMI 到现在的 MPRII 以及 TCO，如今的显示器大都能通过 TCO'99 标准，有一些还通过了更严格的 TCO'03 标准。在环保方面要求显示器都符合能源之星的标准，能源之星标准要求在待机状态下功率不超过 30W，在屏幕长时间没有图像变化时，显示器会自动关闭等。

➽ **调节方式**：显示器调节方式从早期的模拟式到现在的数码式调节，调节更方便，功能更强大。数码式调节与模拟式调节相比，对图像设置的控制更加精确。另外可以存储多个屏幕参数，这也是十分体贴用户的设计。因此它已经取代了模拟式调节而成为调节方式的主流。数码式调节按调节界面分主要有 3 种：普通数码式、屏幕菜单式和单键飞梭式。

2. LCD 显示器的性能指标

LCD 显示器的性能指标主要有亮度、对比度、响应时间、分辨率、刷新率、可视角度、坏点、功率和环保认证等，下面分别进行讲解。

➽ **亮度**：亮度越高，画面显示的层次也就更丰富，从而提高画面的显示质量。理论上显示器的亮度是越高越好，不过太高的亮度对眼睛的刺激也比较强，因此没有特殊需求的用户不需要过于追求高亮度。亮度的单位是 cd/m²（流明），普通液晶显示器的亮度为 250cd/m²，这个亮度已经能满足用户普通情况下的使用。

📢 提示：

根据灯管的排列方式不同，有的液晶显示器会有亮度不均匀的现象，选购时要细心观察。

➽ **对比度**：液晶显示器的背光源是持续亮着的，而液晶面板也不可能完全阻隔光线，因此液晶显示器实现全黑的画面非常困难。而同等亮度下，黑色越深，显示色彩的层次就越丰富，所以液晶显示器的对比度非常重要。

- **响应时间**：决定了显示器每秒所能显示的画面帧数，通常当画面显示速度超过每秒 25 帧时，人眼会将快速变换的画面视为连续画面，不会有停顿的感觉，所以响应时间会直接影响人的视觉感受。

- **分辨率**：液晶显示器的最佳物理分辨率是固定不变的。液晶显示器使用非标称分辨率时，显示的效果不能令人满意，因此这里推荐所有 15 英寸的 LCD 采用 1024×768 的分辨率，17 英寸的 LCD 采用 1280×1024 的分辨率。

- **刷新率**：由于受到响应时间的影响，液晶显示器的刷新率并不是越高越好，一般设为 60Hz 最合适，太高反而会影响画面的质量。所以不必过分追求过高的刷新率。

- **可视角度**：LCD 的显示是背光通过液晶和偏振玻璃射出，其中绝大多数的光都是垂直射出的。因此，当从非垂直的方向观看 LCD 显示器时，往往会感觉显示屏呈现一片漆黑或者是颜色失真。日常使用中可能会多个人同时观看屏幕，所以可视角度应该是越大越好。

📢 **提示：**

建议水平可视角度应该在 120° 以上，这样当有两三个人同时在电脑前观看时也不会觉得画面失真。

- **坏点**：任何一台 LCD 显示器都有坏点，这是液晶面板的特点决定的，因此在选购时，应特别注意。由于坏点是永久性的，因此如果坏点太多会直接影响显示效果。目前许多品牌的 LCD 显示器声称采用无坏点的液晶板，这些产品自然是我们的首选。

- **功率**：一般购买显示器时很少有人注意功率，而通常液晶显示器的功率应该在 50W 以下，相对 17 英寸 CRT 显示器 100W 以上的功率也是非常节能的。功率低也是许多大公司全面采用 LCD 显示器的重要原因之一。

- **环保认证**：有关显示器的认证最重要的是 TCO 认证。TCO 认证有严格的质量认证标准，要求用来制造显示器的材料不能对人体有害，同时也不能损害环境，因此显示器是否通过相关认证也是选择标准之一，如今 TCO 认证已经升级到 TCO'03。在 3C 认证全面实施后，没有通过 3C 认证的产品将不能在市场上销售。

6.2.4　显示器的选购指南

当选择好合适的显示器后，就应该现场检验显示器质量的好坏。由于市场上的产品质量良莠不齐，即使是相同品牌的同型产品质量水平也有差别。下面将以选购 CRT 显示器为例讲解需要注意的问题。

1．开箱时检查包装

在购买时首先要查看外包装是否已经打开过，需要注意显示器的外观质量等问题。主要可注意以下几点。

- 检查包装箱是否完好，特别是上、下两面的封带，如果有拆封过的痕迹一定要求经销商更换。

- 打开包装箱后，看箱内附带的配套电缆、驱动程序光盘、产品合格证、质保等是否齐全。

- 观察显示器外壳是否完好，有无脱漆、磕碰迹象或划痕。
- 观察显示器的屏幕，应该是光洁无尘的，如有划痕等缺陷一定不能买。

2. 给新显示器加电

通过给新显示器加电，也可测试其性能好坏，主要有如下几点。

- 新显示器通电一段时间后，约20~30分钟时，会发出一种新塑料气味，旧显示器没有该气味。而且这种气味只限于塑胶气味，并没有夹杂任何烧焦的气味，如果显示器里面发出了难闻（如烤焦）的气味就不要购买了。
- 注意显示器的显像管。先看显像管（显示屏）是否够黑，越黑说明对比度越高，如果底色偏灰，一般是次级品，再透过机壳后的散热孔看机内是否有完整的防辐射金属罩，这是衡量显示器是否被偷工减料的重要方法。

3. 测试显示器的聚焦能力

要测试显示器聚焦能力的好坏，可以通过打开一个文本文件来观察字体是否清晰，文字边缘是否锐利，特别是在屏幕的四角部分。质量差的CRT显示器会出现聚焦不实的问题，如字体不够清晰，有虚影等。如果长时间在聚焦不实的显示器前工作，很快就会造成眼疲劳，甚至造成近视等不良后果。所以，在购买显示器时一定要注意显示器的聚焦能力，毕竟眼睛是非常重要的。

4. 观察显示器的会聚能力

可以在DOS窗口观察闪烁白色字符的边缘是否出现红色或偏蓝色的色晕，一般的家用显示器都会有这种现象。会聚问题往往会困扰一些专业图形设计用户，但是就现阶段的技术来说，想要完全解决会聚问题似乎还比较困难，只能在选购显示器时注意挑选色晕相对较弱的产品。

5. 观察显示器是否有呼吸效应

呼吸效应是指显示器开机时在屏幕四周突然多了一圈约1cm的黑边，使用一段时间后黑边消失。呼吸效应与厂家的技术工艺是分不开的，如果生产厂家设计的相关控制电路不够先进，就很容易出现呼吸效应。当然，一些知名大厂的产品在避免呼吸效应上做得要更出色一些。

6. 观察显示器的色彩是否均匀

检查显示色彩是否均匀最简单的方法就是将桌面背景设为纯白色，观察屏幕各个位置白色的纯度是否一致，有没有明显的色斑。色彩均匀性同样对专业用户比较重要，尽量选择色彩纯度大致一样的显示器。

7. 观察显示器是否有磁化现象

磁场无处不在，无论是地球、无线通信设备还是家用电器都会产生磁场，如果显示器没有很好的屏蔽磁场的功能，就很容易被磁化，时间长了就会在屏幕上产生大块色斑。显示器一般都自带了消磁功能，可以消除一些轻微的磁化现象。

8．观察显示器的失真程度

在挑选显示器时，线形失真和非线形失真往往比较容易被忽略。简单来讲，线形失真表现在线条不够笔直，而非线形失真表现在表格中每个单元格大小不一样或形状不同，这两种失真都会影响显示效果。一般通过显示器自带的调节功能应该可以修正。但有些次品经过调节仍然有明显的失真，这种显示器不用考虑购买。

6.2.5　应用举例——主流显示器产品

显示器的选择已经逐渐成为人们选购电脑时一个更重要的部分，目前市场上的主流显示器有长城、三星、AOC 和明基等，下面将按照高、中、低端产品进行介绍。

1．高端显示器

高端显示器能提供良好的视觉环境，还对眼睛的伤害不大，下面推荐几款高端显示器。

➡ **LED 瀚视奇 HZ281H**：瀚视奇 HZ 全系列液晶显示器通过了 RoHS、能源之星 5.0 和国家一级能效认证，拥有超高的能效比。瀚视奇 HZ281H 采用瀚宇彩晶独有的超悦目（X-contrast）和超激速（X-Celerate）技术，致力于提供更健康的视觉环境，展现出更柔和明亮的色彩，让画面栩栩如生，如图 6-20 所示。

➡ **三星 P2770H**：提供最受消费者喜爱的 16∶9 宽屏显示比例，亮度 300cd/m²，可视角度 170°/160°，扩大人们的视线范围，更适合娱乐观赏和家居休闲时使用，加上 70000∶1 的动态对比度，以及高达 1920×1080 的全高清的分辨率，带给人们更加舒适的观赏效果，连同 2ms 的灰阶响应时间，简单便捷，使用方便、接口方面 D-Sub、DVI-D 和 HDMI 的组合表现也非常全面，如图 6-21 所示。

图 6-20　LED 瀚视奇 HZ281H

图 6-21　三星 P2770H

2．中端显示器

中端显示器适用于普通用户，具有很好的性价比，下面推荐几款中端显示器。

➡ **明基 E2200HDP**：采用 21.5 英寸 16∶9 宽屏镜面屏，最佳分辨率达到了 1920×1080，满足 FULL HD 标准。其亮度（典型值）达到 300cd/m²，动态对比度达到了 10000∶1，全程黑白响应时间为 5ms，可视角度为 170°/160°，达到了中高端 22 英寸 LCD 的水准，如图 6-22 所示。

➡ **优派 VX2255wmh**：拥有着 5ms 的主流响应时间，并具备 1680×1050 的最佳分辨率，300cd/m² 的亮度，1000∶1 的对比度，再配以其 sRGB 色彩校正技术，使画面更为细腻丰富，并可实现显示色彩真实还原，且其水平和垂直可视角度均为 160°。而在接口方面，VX2255wmh 则分别提供了音频输入、DVI-D 数字、D-SUB 模拟，以及 USB 上行接口，如图 6-23 所示。

图 6-22　明基 E2200HDP

图 6-23　优派 VX2255wmh

3. 低端显示器

低端显示器适用于追求价格低廉的用户，对显示器的性能要求并不是特别高，下面推荐几款低端显示器。

- 三星 P1950W：采用了环绕冰醇红琉晶边框设计，全新高亮黑色钢琴烤漆配以刚劲而不失大气的流畅线条，充分体现出时尚简约的内在格调。后背板光滑而优美的流线造型，搭配采用了圆润边角并向内延伸的散热风道，与规整的 LOGO 交相辉映。支架则采用了深度后折式设计，并且以黑亮而圆润的外观与冰醇红的下底边完美融合，尽显奢华的同时而不失典雅，如图 6-24 所示。
- 瀚视奇 HW191A：采用了时下流行的超窄边框设计，而且还增加了内外斜边设计，使产品的外观层次感得到了加强。硬朗的方形边框配合圆形的底座，强烈的线条对比同样使得瀚视奇 HW191A 拥有强烈的现代感，如图 6-25 所示。

图 6-24　三星 P1950W

图 6-25　瀚视奇 HW191A

6.3　上机及项目实训

6.3.1　观察主机与显示器的连接

用户要使用电脑进行操作，首先要实现主机与显示器之间的正确连接，通过显示器输出才能进一步使用，本例将介绍电脑显示器与主机之间的连接。

操作步骤如下：

（1）在主机的背面，可观察主机箱的 VGA 接口连接有显示器的数据线，如图 6-26 所示。

（2）在显示器的背面，可观察到数据线的另一端连接到显示器背面的 VGA 接口，如图 6-27 所示。

图 6-26　主机箱连线　　　　　　　　　　　图 6-27　显示器连线

（3）在显示器的电源线接口上可查看到其连接有电源线。

6.3.2　查看显卡的安装位置

本例将通过对一台组装完好的主机进行拆卸，然后再查看主板上显卡的安装位置，直观地认识显卡的安装位置，如图 6-28 所示。

显卡的安装位置

图 6-28　显卡的位置

主要操作步骤如下：

（1）使用螺丝刀取下主机箱的侧面板。

（2）在机箱内部的主板上即可查看显卡所在的位置。

（3）观察显卡的总线插槽，认识 AGP 插槽和 PCI 插槽，观察他们之间的区别。

6.4　练习与提高

（1）如图 6-29 所示的显卡结构图，根据所学的知识在标注框中填写相应的组成部分。

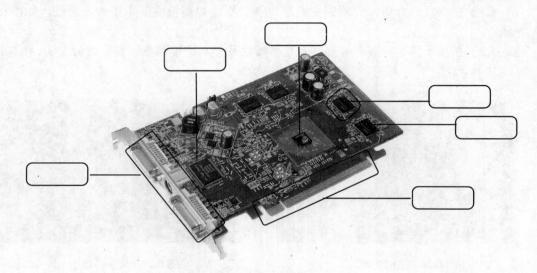

图 6-29　显卡结构图

（2）在网上查找有关显卡和显示器的最新消息，并将其收集起来，随时了解市场动态。

（3）通过学习的知识学会辨别显卡以及显示器的真伪。

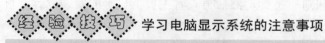 学习电脑显示系统的注意事项

　　通过本章的学习，认识电脑的显示系统的组成部分，在学习的过程中应注意如下几点。

➥　了解显卡的工作原理以及结构，对显卡组成部分有深刻的认识。

➥　在选购显卡时结合实际的用途和显卡的总体性能进行选择。

➥　了解显示器的种类，选择主流显示器时全面考虑各方面因素。

第7章 电脑的声音设备
——声卡和音箱

学习目标

- ☑ 认识并了解声卡的结构和分类
- ☑ 根据不同的需求选购声卡
- ☑ 了解音箱的性能指标和类型
- ☑ 了解主流的声卡和音箱设备

目标任务&项目案例

声卡

声卡的位置

爱国者音箱

音箱的连线

声卡与音箱组成了电脑的音效系统。声卡负责声音信号的处理，而音箱则是将声卡输出的声音信号还原成可以听见的声音。本章主要讲述声卡和音箱的基础知识，如声卡的分类、声卡的结构、声卡的性能指标、音箱的分类和音箱的性能指标等，还将介绍声卡和音箱的选购等知识。

7.1 声　卡

声卡是多媒体技术中最基本的组成部分，是实现声波与数字信号相互转换的一种硬件。声卡的基本功能是把来自话筒、磁带、光盘的原始声音信号加以转换，输出到耳机、扬声器等声响设备，或通过音乐设备数字接口（MIDI）使乐器发出美妙的声音。

7.1.1 声卡概述

声卡是电脑中必不可少的设备，少了声卡，用户使用电脑将失去很多乐趣，下面将对其进行讲解。

1. 声卡简介

1984年，英国的Adlib Audio公司推出了第一款声卡，从此，个人电脑进入了"有声世界"。声卡刚诞生的时候，仅仅只有FM合成音乐的能力，不能处理数字音频信号。直到1989年，Creative（创建）公司推出了Sound Blaster声卡，这种声卡才真正拥有了数字信号。随着音频技术的不断发展，声卡从最初的ISA插槽（如图7-1所示为ISA接口声卡）改进为传输速率更高的PCI插槽（如图7-2所示为PCI接口声卡），声卡的功能从开始仅有的FM合成能力发展到8bit采样大小和立体场模拟输出，再发展到现在的24bit采样能力，支持7.1声道，具有逼真的回放效果和高质量的3D音效。

图 7-1　ISA 接口的声卡

图 7-2　PCI 接口的声卡

2. 声卡的原理

麦克风和喇叭所用的都是模拟信号，而电脑所处理的都是数字信号，两者不能混用，声卡的作用就是实现模拟信号和数字信号两者的转换。声卡可分为模数转换电路和数模转换电路两部分，模/数转换电路负责将麦克风等声音输入设备采到的模拟声音信号转换为电脑能处理的数字信号；而数/模转换电路负责将电脑使用的数字声音信号转换为喇叭等设备能使用的模拟信号。

7.1.2 声卡的结构

认识声卡，首先要了解其结构组成，声卡主要由PCI总线接口、音频处理芯片、晶体振荡器、功率放大芯片和输入/输出端口等部分组成，如图7-3所示，下面将分别对其进行介绍。

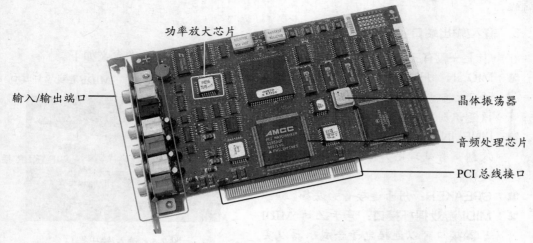

功率放大芯片

输入/输出端口

晶体振荡器

音频处理芯片

PCI 总线接口

图 7-3 声卡

1．PCI 总线接口

现在的声卡大都采用 PCI 总线接口，而 ISA 总线接口的声卡已经被淘汰。PCI 声卡相对于 ISA 声卡有两大优势：一是 PCI 总线的传输速率高，可以将波表存入硬盘，使用时直接调至内存，而不必像 ISA 声卡那样专用 ROM 或 RAM 存放波表；二是 PCI 声卡可以支持更多的 3D 音效。

2．音频处理芯片

音频处理芯片，如图 7-4 所示，它的好坏是衡量声卡性能和档次的重要标志。音频处理芯片上标有产品商标、型号、生产厂商等重要信息，是整个卡板上面积最大的集成块，芯片四面都有针焊点，能对声波进行采样和回放控制、处理 MIDI 指令以及合成音乐等。

图 7-4 音频处理芯片

3．晶体振荡器

晶体振荡器一般是一个不锈钢外壳，其作用是产生固定的振荡频率，是声卡各部件的运作的参考基准。

4．功率放大芯片

从音频处理芯片出来的信号是不能直接被听见的，我们听到的从声卡中输出的声音是经过功率放大芯片处理过的。功率放大芯片将声音信号放大，但同时也放大了噪声，在声音输出的同时自然有较大噪声。好的声卡都在功放前端加有滤波器，这样可以减少或消除高频噪声。

5. 输入/输出端口

在声卡上一般有三四个输入/输出插孔，如图 7-5 所示，各插孔的含义如下。

- ➨ **MIC IN**：用于连接话筒，以输入外界语音、制成文件或配合语音软件进行语音识别。
- ➨ **LINE IN**：通过该插孔将声音信号输入到声音处理芯片中，处理后录制成文件。
- ➨ **SPEAKER**：用于连接音响设备。
- ➨ **MIDI/游戏摇杆接口**：声卡上的 MIDI 乐器接口可以连接电子合成乐器以实现在电脑上进行 MIDI 音乐信号的传输和编辑，游戏摇杆和 MIDI 共用一个接口。

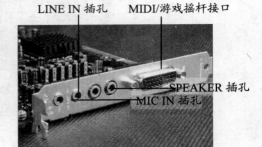

图 7-5　输入/输出端口

🔔**注意：**

> 声卡的上部都有专供连接光驱上的 CD 音频输出线的接口，它是一个 3 针或 4 针的小插座。当 CD 的音频线接到声卡的 CD 音频接口端后，在播放 CD 音轨的光盘时，CD 音乐就可直接由声卡的输出端输出。

7.1.3　声卡的分类

按接口类型的不同，声卡主要分为板卡式、集成式和外置式三种，以适用不同用户的需求。三种类型的产品各有优缺点，下面将进行简单的介绍。

1. 板卡式

板卡式产品是目前市场上的中坚力量，产品涵盖低、中、高各档次，售价从几十元至上千元不等。ISA 接口的早期板卡式产品接口总线带宽较低、功能单一、占用系统资源过多，目前已被淘汰；PCI 则取代了 ISA 接口成为目前的主流，它们拥有更好的性能及兼容性，支持即插即用，安装使用都很方便，如图 7-6 所示。

图 7-6　板卡式声卡

7. 您购买本书的决定因素是：

    □内容　　□价格　　□书名　　□配套资料完善　　□出版社

8. 您对本书内容最满意的部分是：

    □基础知识　　　□实例部分　　　□上机与项目实训部分

    □练习与提高部分　　　□项目案例部分

9. 您认为本书配套资料中最令您满意的是：

    □视频演示　□素材、源文件　□电子课件　□电子教案　□测试题

10. 您对本书编校质量的感觉是：

    □常识性错误较多　　　□有不少错别字　　　□图文不对应

    □步骤错误多　　　　　□整体还行，没有什么错误

11. 您对本书的服务支持感觉是：

    □提供的网站打不开　　　□提问的问题回复不及时

    □电话常无人接听

12. 您认为本书内容应该作哪些改进？ _____

_____

13. 您认为本书配套资料应该做哪些改进？ _____

_____

14. 您现在最希望学习的电脑知识是哪方面的？ _____

_____

15. 您希望本书应该增加哪些相关配套图书：（1）_____

（2）_____　（3）_____

16. **本书错误列表：请另附白纸，标明第几页码、第几行，什么错误。**

    再次感谢您填写此问卷！您的意见将对我们非常有益！

图书调查及图书质量反馈表

亲爱的读者：

感谢您选择了本书！为了今后能给读者朋友提供优质的图书和服务，希望您能在百忙之中填写本问卷并尽可能标出本书中的错误，邮寄给我们，我们将会有小礼品相送。

通信地址：清华大学校内出版社白楼金地公司（邮编：100084）；E-mail：liulm75@163.com。

您购买的书名《＿＿＿＿＿＿＿＿＿＿＿＿＿＿＿＿＿＿＿》

姓名：＿＿＿＿ 性别：□男 □女 年龄：＿＿＿ 职业：＿＿＿＿＿＿

邮编：＿＿＿＿ 通讯地址：＿＿＿＿＿＿＿＿＿＿＿＿＿＿＿＿＿

1. 您学习电脑的目的是：

　　□兴趣　　□适应社会　　□作为谋生技能　　□工作需要

2. 您在初学电脑时有哪方面的难题？

　　□书不够浅显易懂　　□没有安装软件　　□不懂基本常识

　　□没有老师指导，有教学多媒体光盘就好了

3. 您是从哪里第一次见到本书的？

　　□书店　　　□图书馆　　□网上　　　□别人推荐

4. 您对本书的封面装帧感觉：

　　□挺好　　　□一般　　　□很差　　　□不关注

5. 您认为本书最合适的页码范围在：

　　□200页以下　□200~300页　□300页以上

　　□只要内容好，无所谓

6. 您认为这类书的合理价位是：

　　□20元以下　□20~30元　□30元以上　□内容好无所谓

　　□您能接受的价格是＿＿＿元

2．集成式

声卡只会影响到电脑的音质，对电脑的系统性能并没有影响。因此，大多用户对声卡的要求都满足于能用就行，更愿将资金投入到能增强系统性能的部分。虽然板卡式产品的兼容性、易用性及性能都能满足市场需求，但为了追求更为廉价和简便，大多数用户还是选择集成式声卡，如图 7-7 所示。

图 7-7　集成式声卡

此类产品集成在主板上，具有不占用 PCI 接口、成本更为低廉、兼容性更好等优势，能够满足普通用户的绝大多数音频需求，自然就受到市场青睐。而且集成声卡的技术也在不断进步，PCI 声卡具有的多声道、低 CPU 占有率等优势，也相继出现在集成声卡上，它也由此占据了主导地位。

3．外置式声卡

外置式声卡是创新公司独家推出的一个新兴事物，它通过 USB 接口与 PC 连接，具有使用方便、便于移动等优势，如图 7-8 所示。但这类产品主要应用于特殊环境，如连接笔记本实现更好的音质等。目前市场上的外置声卡并不多，常见的有创新的 Extigy、Digital Music 两款，以及 MAYA EX、MAYA 5.1 USB 等。

图 7-8　外置式声卡

◀)提示：

三种类型的声卡中，集成式产品价格低廉，技术日趋成熟，占据了较大的市场份额。随着技术进步，这类产品在中低端市场还拥有非常大的前景；PCI 声卡将继续成为中高端声卡领域的中坚力量，毕竟独立板卡在设计布线等方面具有优势，更适于音质的发挥；而外置式声卡的优势与成本对于家用电脑来说并不明显，仍是一个填补空缺的边缘产品。

7.1.4 声卡的性能指标

声卡的性能指标决定着声卡不同的使用范围，下面对其性能指标进行简单的介绍。

1．采样的位数

采样的位数有 8 位、16 位、32 位。位数越大，精度越高，所录制的声音质量也越好。

2．最高采样频率

最高采样频率是指每秒钟采集样本的数量，普通声卡的最高采样频率有 11.025kHz、22.025kHz、44.100kHz 等，目前，较高档的声卡采样频率可达 48kHz，今后也许还会出现更高采样频率的声卡。

3．数字信号处理器（DSP）

数字信号处理器是一块单独的专用于处理声音的处理器。由于不带 DSP 的声卡要依赖 CPU 完成所有的工作，因此，带 DSP 的声卡要比不带 DSP 的声卡快很多，而且可以提供更好的音质和更高的速度。

4．还原 MIDI 声音的技术

目前市场上的声卡都支持 MIDI 标准，MIDI 是电子乐器接口的统一标准。声卡中采用两种技术还原 MIDI 声音，即 FM 技术与波表技术。

5．对 Internet 的支持

许多声卡制造商都开始在自己的产品中提供对 Internet 的支持，如创新公司的 SOUND BLASTER 32 SE PN 声卡等。

6．内置混音芯片

内置混音芯片或功放卡中的内置混音芯片，可完成对各种声音进行混合与调节的工作，该芯片具有功率放大器，可以在无源音箱中放音。

7.1.5 声卡的选购指南

在选购声卡时应根据不同需求来进行，一般声卡的购买人群可分为普通需求用户、游戏爱好者和多媒体 Hi-Fi 发烧友。这里将针对不同需求的用户选购来进行讲解。

1．普通需求用户

普通需求用户可以选择带有集成声卡的主板，也可以选购一款低端声卡，在这类声卡中，中凌雷公 3DS724A（YMF-724 芯片）值得用户选购，它包括一个 S/PDIF 输出端口，用料较一些杂牌 724 声卡则要精良许多，性价比高，深受大众欢迎。选购此类声卡只需两声道的即可。

◀»提示：

在 CPU 频率比较低时，由于集成声卡要占用 CPU 资源，因此会影响系统性能，不过，现在 CPU 的主频都比较高，很多集成声卡配合比较好的驱动程序，音质比一些低端的独立声卡还要好。

2．游戏爱好者

对于电脑游戏的爱好者，多声道声卡会是一个比较好的选择。只要电脑游戏能够支持由多声道音箱输出定位的音效，配合多声道声卡，这样游戏音效会很好。要体验环境音效的魅力，CREATIVE 的声卡芯片是明智的选择。另外 SB PCI 128 Digital，它是 CREATIVE 推出的中档产品，用以替代原来的 SB PCI 64、PCI 128 D 支持 4 声道，有利于 EAX 的表现。

3．多媒体 Hi-Fi 发烧友

新一代声卡纷纷支持数码音频技术，力求在技术上向数字化方向发展。在硬件上主要表现为增加各类 SPDIF 输入/输出接口，提供对数字化音频信号的传输支持，并且可以外接各种数码音频设备，从而实现没有信号损失的数字化录放音。

在高档市场，CREATIVE 最新发布的旗舰级声卡——SB Live。其中 Platinum 就非常明显的体现出这种开发理念。从音频主卡的规格看，Platinum 与老版本的 LIVE 相比并没有什么突出的改变，但它却提供了超强的数码扩展能力。

7.1.6 应用举例——主流声卡产品

目前市场上的常见声卡品牌主要有创新、坦克、乐之邦和新贵等，下面将对不同层次的声卡进行介绍。

1．高端声卡

高端声卡适用于一些追求高品质声音效果的音乐发烧友，下面推荐几款高端声卡。

- ➥ 创新 Sound Blaster X-Fi Elite Pro：Sound Blaster X-Fi Elite Pro 具有专业品质的数模转换器（DACs），信噪比高达 116dB，不仅如此，其更配备了拥有全面连接选择的输入/输出（I/O）外置盒，自动优化 Sound Blaster X-Fi Elite Pro 的性能和设置。三种模式分别为：音乐创作模式、游戏模式以及娱乐模式，每一种模式都可以集中运用声卡的资源，以在不同应用中达到最有效的使用，如图 7-9 所示。

- ➥ HiFier Fantasia 幻想曲：它是一款专门为 PC Hi-Fi 设计的民用高端声卡。完全沿用了 TerraTec 专业 Phase 88 产品的设计理念和传输架构，专属的数字模拟处理方式可以确保完美的音质，同时采用专业的 ASIO 驱动，配合自带的专用耳机放大电路，使其具备了 Hi-Fi 所要求的维真听感，如图 7-10 所示。

图 7-9 创新 Sound Blaster X-Fi Elite Pro

图 7-10 HiFier Fantasia 幻想曲

2．中端声卡

中端声卡适合大多数的用户使用，下面推荐几款中端声卡。

- 　**节奏坦克变奏曲**：变奏曲的声音大部分仍保留了以前产品的特色，即整体呈现暖色，且声音比较中性。其中，低频的量感与质感都挺好，只是速度感稍慢。而下潜、力度等方面，变奏曲表现也不错，如图 7-11 所示。

- 　**乐之邦 Monitor 01 US**：Monitor 01 US/USD 是一款采用了 USB 接口设计的纯音乐卡，它的金属外壳表面是一层磨砂喷漆，质感超强，且有助于内部散热，保证性能的稳定。支持 24bit/192kHz 的高采样率，它采用了其实是一颗 Xilinx 出品的FPGA 处理芯片，如图 7-12 所示。

图 7-11　节奏坦克变奏曲

图 7-12　乐之邦 Monitor 01 US

3．低端声卡

低端声卡适用于对音质要求不高的用户，下面推荐几款低端声卡。

- 　**创新 Sound Blaster5.1 VX**：此款声卡虽然是创新声卡中的低端产品，接口部分采用了 4 个 3.5mm 的音频接口，Sound Blaster 5.1VX 带来的真实的环境音效和精确的 3D 定位效果。总体效果和其他高端的有明显的差距，但是相对于大部分的板载声卡还是有相当的优势，如图 7-13 所示。

- 　**新贵-探索 7.1**（AUREON7.1 Explorer）：AUREON7.1 Explorer 主芯片采用 VIAENVY24 HT-S，具备 8 声道、模拟 18bit/48kHz 录放音，数字 24bit/96kHz 录音及24bit/192kHz 播放能力，90dB 的信噪比，支持 EAX、A3D、Direct Sound、Sensaura3D 等多种音场效果，还支持通过数字方式输出信号到其他解码设备，如图 7-14所示。

图 7-13　创新 Sound Blaster5.1VX

图 7-14　AUREON7.1 Explorer

7.2 音 箱

音箱是一种输出设备,声卡负责处理各种音频信息,通过音箱就可以听到声卡处理的结果。一块好的声卡需要一款同样优秀的音箱才能发出最动听的声音。

7.2.1 音箱概述

音箱是整个音响系统的终端,其作用是把音频电能转换成相应的声能,并把它辐射到空间去。它担负着把电信号转变成声信号供人直接聆听这么一个关键任务,并且对复杂声音的音色具有很强的辨别能力,是音响系统极其重要的组成部分。由于人耳对声音的主观感受正是评价一个音响系统音质好坏的最重要标准,因此,可以认为,音箱的性能高低对一个音响系统的放音质量起着关键作用,如图 7-15 为一套多声道音箱。

图 7-15 音箱

7.2.2 音箱的分类

音箱的种类可以按多种方式进行分类,这里简单介绍按不同方式分类的音箱。

- **按照箱体材质的不同**:分为塑料音箱和木质音箱。
- **按照声道数量**:分为 2.0 式(双声道立体声)、2.1(双声道+超重低音声道)、4.1 式(四声道+超重低音声道)、5.1 式(五声道+超重低音声道)音箱等。
- **根据电脑输出方式**:字体普通接口(声卡输出)音箱和 USB 接口音箱。
- **根据功率放大器的内外置**:分为有源音箱和无源音箱,其中有源音箱内置放大器,而无源音箱的放大器外置,一般有特别要求的才采用无源音箱。
- **按用途**:分为普通用途音箱、娱乐用途为主的音箱(用于游戏、VCD、DVD 和欣赏音乐)和专业用途音箱(用于 Hi-Fi 制作、发烧音乐欣赏)。

7.2.3 音箱的选购指南

音箱是多媒体电脑重要的组成部分之一,电脑中各种各样的音效和悦耳动听的音乐都是从音箱中发出。在选购音箱时，可以通过其性能指数和选购方法来进行选择，下面将对其进行简单介绍。

1. 音箱的性能指标

获取音箱性能指标的途径有很多，在产品目录或音箱的说明书上经常看到的有频率响应、阻抗、灵敏度、最大承载功率和最大输出声压级等，下面将对其进行简单介绍。

- ➥ **频率响应**：表示音箱输出声压级随频率变化的关系，如果用坐标图表示，则它可绘制成以频率为横坐标、输出声压（或者声压的分贝数）为纵坐标的一条曲线。这条曲线在中频段的总体趋势是水平的，当然中间可能有很多因为系统不够完美造成的小波动。在低频端和高频端，曲线出现下跌的趋势，音箱的输出会减少，通常把低频端和高频端的输出相对于中间水平段下跌 3dB 的那两点称为低频截止点和高频截止点，这两点之间的频带就是该音箱的频响范围。

- ➥ **阻抗**：它是衡量输入电流信号阻力大小的指标，单位为欧姆（Ω）。音箱最常见的阻抗值有 8Ω、6Ω 和 4Ω 三种，也有 3Ω、5Ω、10Ω 等其他值，但不常见。

🔊**提示：**

音箱的阻抗只是一个标称值，音箱的实际阻抗大小是随频率变化的，譬如标称 8Ω 的音箱，只有在某些频率点上阻抗才为 8Ω，在其他频率可能为 10Ω、20Ω，另一些频率又可能低至 6Ω 或 4Ω。阻抗随频率变化的特性，在音箱的阻抗曲线图上可以看得很清楚，这种变化增加了放大器驱动的难度。

- ➥ **灵敏度**：衡量音箱电-声转换效率的指标，单位是 dB/W/m，含义为输入 1W 的功率时，距音箱轴向 1m 远处能获得的声压级大小，比如灵敏度 90dB/W/m 的音箱，表示输入 1W 的功率，在音箱正前方 1m 远处就能够得到 90dB 的声压级。灵敏度高的音箱比较节省放大器的功率。因为目前大功率的放大器很普遍，价格也不算太高，灵敏度低一些不算很大的问题。

- ➥ **最大承载功率**：音箱的安全指标，表示该音箱能够长期承受的输入功率大小，低于此值的输入显然是安全的，如果长时间都超过这个极限，就容易使音圈过热烧毁。最大承载功率这一指标为安全使用音箱提供了参考，但也应该注意到"长时间"这个前提，短时间超过最大承载功率是允许的。

- ➥ **最大输出声压级**：表示在失真不超过某一标准的情况下音箱最大的输出能力，通俗的说法就是这只音箱最大能够放多响。通常，家用音箱的最大输出声压级在 100~110dB 左右，少数高输出音箱可达 120dB 左右。显然最大输出声压级越高越好，如果这一指标过低，就容易出现动态压缩。

2. 音箱的选购方法

目前市场上的音箱品牌很多，仿制假冒的产品也多，所以在挑选的时候应该特别小心，下面将介绍几种选购音箱的方法。

(1) 观察

先检查一下包装箱，观察是否有拆过的痕迹，注意上下两面都要看。然后开箱验货，检查音箱及其相关附属配件是否齐全，如音箱连接线、插头、音频连接线与说明书、保修卡等。

然后检查音箱外观。假冒产品做工粗糙，假冒的木质音箱，大多是用胶合板甚至纸板加工而成。检查箱体表面有无气泡、突起、脱落、划伤和边缘贴皮粗糙不整等缺陷，有无明显板缝接痕，箱体结合是否紧密整齐，后面板是否固定牢靠；喇叭、倒相孔、接线孔是否做过密封处理。掂一掂重量，重量越重越好，也说明音箱没有偷工减料。

📢**提示：**

> 选购音箱时用手指轻轻敲击扬声器的纸盆，然后听声音，声音越低沉越好，好的扬声器声音类似于"嘭！嘭！"非常丰满，而劣质的扬声器则是"扑扑"甚至"啪啪"的声音，效果非常差。

（2）听音

选购音箱最主要的办法还是听，在检查完外观后就可进行试听。

首先听一下静噪，俗称电流声。检查的时候拔下音频输入线，音量调至最大，听"兹兹"的电流声，声音越小越好，一般 20cm 外听不到"吱吱"的电流声就行。好音箱可做到人耳离开喇叭 10cm 就听不到任何噪声。

然后挑熟悉的试音曲子，细听音质。中音（人声）要柔和醇美；低音要深沉而不浑浊；高音要亮丽而不刺耳；全音域平衡感要好。

最后是调节音量，声音变化应是均匀的，旋转时无接触不良的"咔咔"噪声，音乐中没有"啪啪"的电位变换干扰。

7.2.4　应用举例——主流音箱产品

目前市场上的音箱品牌有漫步者、惠威、现代和雅兰仕等，下面将对不同层次的音箱进行介绍。

1．高端音箱

下面将推荐几款高端音箱。

➧ **极典 M20 MKIII**：两只箱子的功放都位于上部，每边都有 3 只真空管暴露在外，采用真空管的功放出来的声音有一种特别甜润的感觉，箱体背部顶端含有两个 RCA 信号输入口，可以同时将不同的音源接在上面，如图 7-16 所示。

➧ **漫步者 S2000**：采用了 Hi-Fi 音箱使用的独立功放加上一对全等容的无源书架音箱组合而成，调控台在功放上，同时还提供了手持遥控器。这样的设计在多媒体音箱领域中出现过，但产品都只是凤毛麟角，很少能够在市场上见到，如图 7-17 所示。

图 7-16　极典 M20 MKIII

图 7-17　漫步者 S2000

2．中端音箱

下面将推荐几款中端音箱。

- **漫步者 C2**：以黑色调为主，外观大气、稳重，金属拉丝工艺的音量旋钮显得现代感十足。独立功放部分设计有液晶显示屏，方便用户对音箱状态的了解。在音质方面，由于独立功放的使用，使得三频衔接更自然，声音变得纯净，并且低频更加强劲，如图 7-18 所示。

- **慧海 D-1380**：采用了黑白色的经典搭配，并且采用了钢琴烤漆工艺，档次感很强，整体感觉典雅高贵、时尚大气。在声音方面，这款音箱的音质表现十分出色，三频均衡，过渡自然，声音还原真实，在同级产品中表现非常突出，而且它的做工非常优秀，如图 7-19 所示。

图 7-18　漫步者 C2　　　　　　　　　　　　　　　图 7-19　慧海 D-1380

3．低端音箱

下面将推荐几款低端音箱。

- **盈佳 E-505S**：以黑色为主色调，稳重、典雅、做工、用料都还不错，具备大厂风范，5 英寸低音单元与 3 英寸全频中高音单元的组合，相较于其他同价位产品，它拥有不错的性价比，如图 7-20 所示。

- **漫步者 X300**：采用了 2.1 设计，经典的外观设计，低音单元尺寸到位，低音效果不错，如图 7-21 所示。

图 7-20　盈佳 E-505S　　　　　　　　　　　　　　图 7-21　漫步者 X300

7.3 上机及项目实训

7.3.1 观察音箱的连接

要使电脑将声音输出，必须连接相应的音响设备，本例将通过观察电脑与音箱之间的连接，使用户了解音箱的连接方法。

操作步骤如下：

（1）在音箱的的背面找到 RCA 接口，可看见其有白色和红色两种接口，在其中有对应的连线与之连接，如图 7-22 所示。

（2）主机箱上的音频接口上可看见绿色的接口，为连接音箱之用，如图 7-23 所示。

（3）观察音箱的电源线连接的位置。

图 7-22　音箱的接口连线

图 7-23　主机箱的接口

7.3.2 查看声卡的位置

电脑要通过声卡来进行模拟信号与数字信号的转换才能输出声音，要更深刻的了解声卡，首先需要了解其在电脑中所处的位置，本例将动手拆卸主机查看声卡的位置，进一步了解声卡。

主要操作步骤如下：

（1）使用螺丝刀取下主机箱的侧面板。

（2）在机箱内部查看电脑的声卡所处的位置，并仔细观察其插槽的类型，对比 ISA 和 PCI 插槽的区别。

（3）查看声卡的跳线连接在主板的位置（如图 7-24 所示）以及声卡所在的主板插槽位置（如图 7-25 所示）。

📢提示：

在一些电脑中，经常可看见两块甚至三块声卡共存的现象，两块声卡共存主要有 PCI 与 ISA 声卡和 PCI 与 PCI 声卡。

图 7-24　声卡的跳线

声卡的位置

图 7-25　声卡的位置

7.4　练习与提高

（1）如图 7-26 所示为声卡的结构图，根据所学知识在标注框中填写声卡各部分组成的名称。

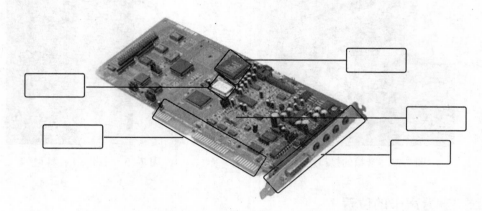

图 7-26　声卡的结构

（2）如图 7-27 所示，根据不同音箱的标志在下面的括号中填写代表音箱的品牌，了解目前市场上的主流音箱。

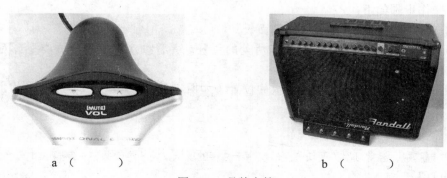

a （　　　　）　　　　　　　　　b （　　　　）

图 7-27　品牌音箱

c（　　　）

d（　　　）

图 7-27　品牌音箱（续）

经验技巧 学习声卡和音箱的注意事项

本章主要介绍了声卡和音箱，需要了解其分类和性能指标，学习时有以下几点注意事项。

➥　在了解声卡时，主要注意其结构组成，以便使用时清楚各部分的作用。

➥　了解目前主流的声卡和音箱信息，做音频设备的"先行者"。

➥　在选购声卡和音箱时要根据不同的需求进行选择，不是要选择最好的，而是要选择最适合的。

第8章　电脑的机箱和电源

学习目标

- ☑ 了解机箱的结构分类
- ☑ 了解机箱和电源的性能指标
- ☑ 掌握选购机箱和电源的方法
- ☑ 了解电源的接口特征

目标任务&项目案例

电脑机箱

机箱内部

电源

电源数据线

　　电脑的核心部件 CPU、内存和显卡等安装在主板上，主板则安装在机箱中，由此可见机箱的重要性。机箱主要对电脑核心部件起保护作用，同时屏蔽电脑运行时产生的电磁辐射。电源则为电脑各个部件的运行提供能源。本章将讲解机箱和电源的相关知识及选购技巧。

8.1 认识机箱

机箱从外观上看是一个铁盒子，它主要起保护电脑各部件的作用。机箱不像 CPU、显卡、主板等配件能迅速提高整机性能，但是也并不是毫无作用。一些用户买了劣质机箱后，因为主板和机箱形成回路，导致短路，使系统变得很不稳定。因此，机箱的选择也很重要，下面将对机箱的相关知识进行简单介绍。

8.1.1 机箱的结构

机箱的结构主要包括外部结构（如图 8-1 所示）和机箱内部（如图 8-2 所示），其中外部结构包括指示灯、话筒接口、音频接口、USB 接口、电源按钮和复位按钮等，机箱内部包括电源支架、主板接口挡板、光驱支架、硬盘支架和主板支架等。机箱外壳用钢板和塑料结合制成，硬度高，主要起保护机箱内部元件的作用；支架主要用于固定主板、电源和各种驱动器。

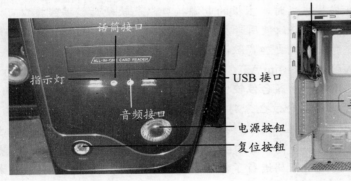

图 8-1 机箱外部

图 8-2 机箱内部

8.1.2 机箱的分类

机箱主要可以根据外形和结构来进行分类，下面分别进行讲解。

1. 按外形分类

从外形上可以将机箱分为卧式机箱和立式机箱。

- **卧式机箱**：卧式机箱是比较老的机箱外形，现在还有部分品牌机的机箱采用卧式机箱。卧式机箱无论是在散热性还是易用性方面都比立式机箱稍逊一筹，但是它可以放在显示器下面，能够节省不少桌面空间。如图 8-3 所示为一款卧式机箱。
- **立式机箱**：如今的机箱外形大部分都是立式，立式机箱的电源在上方，其散热性比卧式机箱好，而且添加各种配件时也较为方便。立式机箱没有高度限制，在理论上可以提供更多的驱动器槽，并使电脑内部设备安装位置的分布更科学，如图 8-4 所示为一款立式机箱。

图 8-3　卧式机箱

图 8-4　立式机箱

2. 按结构分类

按照机箱的内部结构可以分为 ATX、Micro ATX 和 BTX 等类型，目前市场上主要以 ATX 机箱为主流，下面将分别进行介绍。

- ATX：ATX 的结构中，主板安装在机箱的左上方，并且横向放置。而电源安装位置在机箱的右上方，前方的位置是预留给存储设备使用的，后方预留了各种外接端口的位置。这样在安装主板时，主板的电源接口以及软硬盘数据线接口可以更靠近预留位置。整体上也能够让使用者在安装显卡、内存或 CPU 时，不会移动其他设备。这样机箱内的空间就更加宽敞简洁，有利于散热，如图 8-5 所示。

- Micro ATX：Micro ATX 又称 Mini ATX，是 ATX 结构的简化版，就是常说的"迷你机箱"，其扩展插槽和驱动器仓位较少，扩展槽数通常有 4 个或更少，而 3.5 英寸和 5.25 英寸软盘驱动器仓位也分别只有 2 个或更少，多用于品牌机。

- BTX：BTX 是 Intel 提出的新型主板架构 Balanced Technology Extended 的简称，新架构对接口、总线以及设备将有新的要求。BTX 结构将更加紧凑，针对散热和气流的运动，对主板的线路布局进行了优化设计。主板的安装将更加简便，机械性能也将经过最优化设计，如图 8-6 所示。

图 8-5　ATX 机箱

图 8-6　BTX 机箱

提示：

ATX 是多年前的老机箱结构，现在已经被淘汰，市场上很少能见到；NLX 属于 ATX 结构，多见于国外的品牌机，国内市场并不多见。

8.1.3　机箱的选购指南

对于普通用户而言，常希望机箱外观能够吸引人；对于经常拆装机箱的 DIY 发烧友来说，希望机箱容易拆卸。但是作为给电脑提供配件屏障的机箱，在选购时不应该只考虑某一项功能，而且应该全面地观察机箱的各个部分，选择一个美观且质量又好的机箱，这样才能给机箱里的设备提供一个良好的环境，让电脑设备正常的工作。

1．机箱的性能指标

机箱的性能指标很容易判断，下面将对其进行简单介绍。

- **机箱的外观、用料**：外观和用料是一个机箱最基本的特性，外观是直接决定机箱能否被用户选择的第一个条件，因此目前机箱的外观也逐渐偏向多元化发展，因此在性能指标中也占有一定的比率。用料主要看机箱所用的材质，机箱边角是否经过卷边处理，材质的好坏也直接影响到机箱抗电磁辐射的能力。
- **可扩展性**：未来电脑的发展永远难以揣摩，能够准备的越齐全当然越能够满足未来的需要，主要可注意其提供了多少个 5.25 英寸光驱位置、硬盘位置的分布和设计等。
- **特色功能**：看机箱是否提供了前置 USB 接口和音频输入/输出接口。内部设计看如硬盘、光驱采用的导轨安装。板卡的免工具安装等都需要体验一下，来感受它的易用性。
- **防尘性**：对于大部分用户来说，防尘性往往都被忽略了，但是如果打算让机箱保持长时间的清洁，那就要检查机箱的防尘性如何。主要可检查散热孔的防尘性能和扩展插槽 PCI 挡板的防尘能力。
- **散热性**：散热性是系统是否能稳定运行的决定性因素，在机箱内加装更多的风扇似乎已经成为了 DIY 的主流，所以主要考虑它提供了多少散热风扇或散热风扇预留位置，以及散热孔的多少。

2．机箱的选购方法

（1）看产品的认证标识

选购机箱时要看是否符合 EMI-B 标准，也就是防电磁辐射干扰能力是否达标，如图 8-7 所示。

📢**提示**：

> 目前机箱的安全认证主要有 3C 认证和 EMI 认证等。通过了这些认证的机箱一般会在显著位置粘贴认证标志，这也意味着这些机箱在安全性、电磁辐射方面都通过了严格的检测，值得用户信赖。

图 8-7　EMI-B 标准

（2）看是否符合电磁传导干扰标准

根据研究，电磁对电网的干扰会对电子设备造成不良影响，也会给人体健康带来危害。国际标准化组织（ISO）和世界上绝大多数国家对电磁干扰和射频干扰都制定了若干标准，标准要求电子设备的生产厂商必须使其产品的辐射和传导干扰达到一个可以接受的范围。

（3）看质量

机箱的外部应该是由一层 1mm 以上的钢板构成的，其材料是经过冷锻压处理过的 SECC 镀锌钢板。采用这种材料制成的机箱电磁屏蔽性好、抗辐射、硬度大、弹性强、耐冲击腐蚀且不容易生锈。内部的支架主要由铝合金条构建。机箱前面板应该采用 ABS 工程塑料制作。这种塑料硬度比较高，制造出来的机箱前面板比较结实稳定、硬度高，长期使用不褪色、不开裂，擦拭也比较方便。

（4）机箱的类型

在选购机箱时一般考虑散热效果和易操作，如果没有特殊需求（节省桌面空间、支持特殊规格主板、支持多个 5.25 英寸驱动器设备），那么最好选择标准的 ATX 立式机箱，因为标准 ATX 机箱不仅内部空间大，支持的驱动器槽比较多，利于日后扩充升级，且利于内部电子设备的通风散热。

（5）机箱的品牌

购买机箱时需注意选择有名气的品牌厂家，因为著名品牌厂家的产品虽然价格会高一点，但是产品质量可靠有保障，比较有实力的机箱生产厂家有世纪之星、爱国者、金河田、技展、七喜等。

8.1.4 应用举例——主流机箱产品

了解目前市场上的主流品牌的机箱，有利于在选购时针对产品的性能选择适合的产品，下面将对市场上主流的高端和普通机箱进行简单介绍。

1. 高端机箱

高端机箱在其设计上很完善，且用料精良，下面将介绍几款高端机箱。

- ➥ 索普达：索普达（SOPDA）是东莞市金翔电器设备有限公司旗下的自有品牌，该品牌机箱多数针对中低端市场，以高性价比吸引用户，机箱均采用 Intel 最新机箱散热标准 TAC2.0 设计，在散热上能够满足一般用户甚至是超频玩家的散热需求，根据机箱定位不同，配置相应功率的电源，如图 8-8 所示。

- ➥ 爱国者（aigo）：该机箱在散热上能满足用户的要求，且性价比适中，得到用户的信耐和认可，机箱的电磁屏蔽性好，如图 8-9 所示。

图 8-8　索普达机箱

图 8-9　爱国者（aigo）机箱

2．普通机箱

普通机箱适用于大部分人群，能保证电脑良好的散热性，且价格适中，下面将推荐几款普通机箱。

- ➥ 冷酷至尊（COOL MASTER）：它拥有完整的散热解决方案、成熟的设计和卓越的服务，在用户群中建立了良好的形象，其产品受到了用户的好评，如图 8-10 所示。
- ➥ 迅捷（sohoo）：其机箱达到了防电磁辐射干扰的指标，且外形美观，得到用户好评，散热性好，符合大多数用户需求，如图 8-11 所示。

图 8-10　COOL MASTER 机箱

图 8-11　迅捷（sohoo）机箱

8.2　认 识 电 源

电源是电脑工作的必需设备，是动力之源。电源就好比是电脑的心脏，是向电子设备提供功率的装置，也称电源供应器，它提供电脑中所有部件所需要的动力。

8.2.1　电源的结构

电源主要由电源硬件和电源线组成，如图 8-12 所示，其中电源硬件主要由电源风扇、电源接口和电源线组成，而电源线又主要由数据线接口、主板电源接口、4 针辅助电源接口和 4 针 D 型电源接口组成，电源要为主机供电，因此需要正确地连接这些接口。

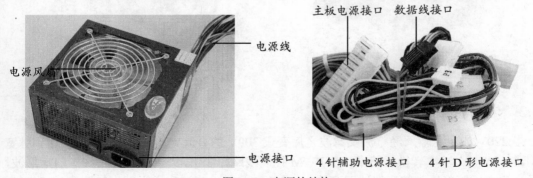

图 8-12　电源的结构

电源接口用来连接外接电源，电源风扇的作用是为电源散热。电源线的主板电源接口和 4 针辅助电源接口的作用是连接主板为主板供电，数据线接口和 4 针 D 形电源接口的作用是连接硬盘为其供电。

8.2.2 电源的分类

PC 电源从规格和用途上主要可以分为 ATX、Micro ATX 和 BTX 几种类型。

↪ **ATX 电源**：ATX 电源是采用+5VStandBy、PS-ON 的组合来实现电源的开启和关闭，只要控制 PS-ON 信号电平的变化，就能控制电源的开启和关闭。电源中的 S-ON 控制电路接受 PS-ON 信号的控制，当 PS-ON 小于 1V 时开启电源，大于 4.5V 时关闭电源。主机箱面上的触发按钮开关（非锁定开关）控制主板的"电源监控部件"的输出状态，同时也可用程序来控制"电源监控件"的输出，如图 8-13 所示。

🔊**提示：**

有些 ATX 电源的输入插座下有一个开关，可以通过开关手动切断电流输入，彻底关闭电源。

↪ **Micro ATX 电源**：Micro ATX 电源是 Intel 公司在 ATX 电源的基础上改进过的电源结构，其主要目的是降低制作成本。Micro ATX 电源与 ATX 电源相比，其最显著的变化就是体积减小、功率降低。ATX 标准电源的体积大约是 150mm×140mm×86mm，而 Micro ATX 电源的体积则是 125mm×100mm×63.5mm。ATX 电源的功率大约为 200W，而 Micro ATX 电源的功率只有 90~150W 左右。目前 Micro ATX 电源大都在一些品牌机和 OEM 产品的 Micro ATX 机箱中使用。

↪ **BTX 电源**：BTX 电源是在 ATX 的基础上进行升级而来的，它包含有 ATX12V、SFX12V、CFX12V 和 LFX12V 4 种电源类型，其中，ATX12V 针对的是标准 BTX 结构的全尺寸塔式机箱，可为用户进行电脑升级提供方便，如图 8-14 所示。

图 8-13 ATX 电源

图 8-14 BTX 电源

8.2.3 电源的工作原理

当 220V 的电压输入经整流及滤波之后变成 309V 的直流电压，该直流电压被送到脉宽调制器（PWM）功率转换线路中，在 PWM 控制线路控制下，变成幅值为 300V 的矩形波，再经高频变压器降压及整流滤波即可输出+12V 和+5V 的直流稳定电压，如图 8-15 所示为电源的简单工作原理图。

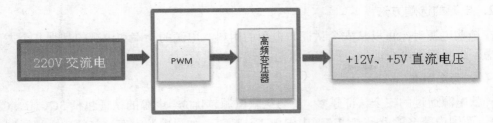

图 8-15 电源工作原理

8.2.4 电源的选购指南

如今电脑的配件越来越多，配件的功耗也越来越大，如 CPU、显卡、刻录机等都是耗电大户，另外主板上还插着各种各样的扩展卡，如电视卡、网卡、声卡、USB 扩展卡等，这么多的设备如果没有一个优质电源提供保障，是难以正常运行的。下面将对电源的性能指标和选购方法进行介绍。

1．电源的性能指标

如图 8-16 所示为电源的标签，其中包括了电源基本的性能指标，下面将介绍电源的各项性能指标。

- ➡ **输出功率**：指电源所能达到的最大负荷。
- ➡ **负载稳定度**：指输出电压随着负载在指定范围内变化而变化的百分比。
- ➡ **效率**：指电源的输出功率与输入功率的百分比。
- ➡ **过载或过流保护**：当负载功率或电流过大时会自动切换电源输出，以保护电源。
- ➡ **过压保护**：当电源出现故障时输出电压不稳定，电源便会切断输出以保护主机内的部件。
- ➡ **电网稳定度**：指定输出电压随着输入电压在指定范围内变化而变化的百分率。
- ➡ **隔离电压**：指电源电路中的任何一部分与电源基板地线之间的最大电压，或者能够加在开关电源的输入端和输出端之间的最大直流电压。
- ➡ **电磁干扰**：电源内的元件会产生高频电磁辐射，这样的辐射会对其他元件和人的身体产生干扰和危害。

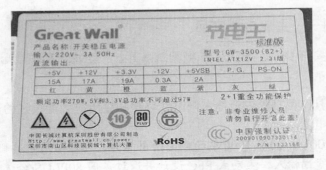

图 8-16 电源的标签

2．电源的选购方法

在选购电源时，可以从安全认证、电源的用料、电源的功率和电源的品牌几个方面进行考虑，选择满意的电源，下面将对其进行详细的讲解。

（1）安全认证

一款电源通过的安全认证越多，说明这款电源越优秀。电源的认证包括3C、UL、CSA、CE等，而国内著名的就是CCEE（中国电工认证）。如果电源上有这些标志，那说明它通过了这些认证。如图8-17所示为部分安全认证图标。

图8-17　部分安全认证图标

（2）电源的用料

对于一款电源，首先看它的做工和用料。好的电源拿在手里感觉沉甸甸的，散热片要够大且比较厚，而且好的散热片一般用铝或铜为材料。其次再看电源线是否够粗，粗的电源线输出电流损耗小，输出电流的质量可以得到保证。劣质电源的散热片多为铝质，厚度较薄体积较小，所用的电源线感觉很软。

（3）电源的功率

一般来说，普通用户的电脑设备不是很多，不一定要追求高功率的电源。如果电脑内部的设备比较多，可以选择300W以上的电源。有的电源标明300W实际上是峰值功率，应该看其额定功率是多少，因为峰值功率只能维持30秒左右，并不能长时间使用。

（4）电源的品牌

推荐用户尽量挑选名牌且口碑好的电源，如世纪之星、技展、长城、航嘉和金河田等。有的机箱是和电源一起销售的，买的时候要看清楚电源的品牌和功率，有的杂牌电源实际功率根本达不到包装上的标准功率。在购买之前一定要了解电源的各种性能和指标，做到心里有数。

8.2.5　应用举例——主流电源产品

目前市场上主要有OCZ、威龙、长城和航嘉等，下面将对高中低端的电源进行介绍。

1．高端电源

高端电源不仅具有很高的安全性，同时在环保和使用方面能很好的满足用户需求，下面将推荐几款高端电源。

➤ **OCZ Z1000M**：拥有1000W的额定输出能力，电源采用单路+12V输出设计，支持全电压宽幅输入，主动式PFC设计并通过美国80PLUS金牌认证。电源还支持110~240V的宽幅电压接入，扩宽了电源的使用范围，如图8-18所示。

❧ **康舒 R8-II 600W**：符合 Intel 标准 ATX 12V V2.3 版电源规范要求，额定功率为 600W，完全可以满足主流高端配置平台的供电需求，并且通过了 80Plus 铜牌认证和 ROHS 环保认证，如图 8-19 所示。

图 8-18　OCZ Z1000M 电源

图 8-19　康舒 R8-II 600W 电源

2．中端电源

下面将推荐几款中端电源。

❧ **长城 400W**：散热效果、静音都非常出众，性价比很高。铭上标注电源采用 Intel ATX 2.31 版本规范，为双路+12V 设计，额定功率为 400W、峰值 500W，起到更好的供电支持，具备中国 3C 认证，在安全方面可以放心使用，如图 8-20 所示。

❧ **振华冰山金蝶 450W**：通过了 80Plus 金牌认证，具有良好的散热效果，且静音非常出众，性价比很高，如图 8-21 所示。

图 8-20　长城 400W

图 8-21　振华冰山金蝶 450W

3．低端电源

下面将推荐几款低端电源。

❧ **多彩 DLP-410A**：采用当前流行的黑色包装，给人感觉沉稳踏实。这款电源符合 Intel ATX 2.3 规范，支持 Intel Core 2、Pentium D 和 AMD Athlon 64 X2 双核芯片处理器，并内置过压、过流、欠压、短路、过载保护技术及防雷击设计，安全可靠性高，如图 8-22 所示。

❧ **Tt 威龙 500**：采用绿色环保包装，简洁大气，没有过多装饰，额定输出功率为 400W，峰值输出功率为 500W，采用双路+12V 输出，另外 Tt 威龙 500 电源对各种平台都有不错的适应能力，如图 8-23 所示。

图 8-22　多彩 DLP-410A　　　　　　　　图 8-23　Tt 威龙 500

8.3　上机及项目实训

8.3.1　观察电源连线的连接方法

本例将介绍电源数据线的连接，进一步了解电源线各部分的作用和连接方法，以及它与主板和硬盘的关系。

操作步骤如下：

（1）打开机箱，在主板上可观察到电源接口与主板的 24PIN 的主板供电接口相连接，如图 8-24 所示，除此之外，电源的辅助电源接口连接到主板的 4PIN/8PIN CPU 供电接口。

（2）电源的 4 针 D 形电源接口与硬盘相应的接口相连接，如图 8-25 所示。

图 8-24　主板供电　　　　　　　　　　图 8-25　硬盘供电接口

（3）在硬盘上可观察到电源的数据线与硬盘的数据接口相连接，如图 8-26 所示。

图 8-26　电源数据线

8.3.2　了解电源和机箱的安全认证

在选购机箱和电源时，其中最重要的一项是查看其是否有安全认证，下面将对各种安全认证进行简单的介绍。

- 3C 认证：3C 即 CCC，英文名称为 "China Compulsory Certificate"，中文名称为 "中国国家强制性产品认证"，这是国家对低压电器、小功率电动机等 19 类 132 种涉及健康安全、公共安全的电器产品所要求的认证标准，它包括原来的 CCEE（电工）认证、CEMC（电磁兼容）认证和新增加的 CCIB（进出口检疫）认证，如图 8-27 所示为 3C 认证标志。

- 80 PLUS 认证：属于新兴的认证，是为加速节能科技的发展而制定的，是高电源转换效率的一个标志。其认证要求是通过整合系统内部电源，使电源供应器在 20%、50% 及 100% 等负载点下能达到 80% 以上的电源使用效率。目前市面上大部分的电源在转换效率上仅仅在 70%~75% 之间，能够获得 80 PLUS 认证的电源目前还不多，而且这些电源全部都是高端产品，如图 8-28 所示为 80 PLUS 认证标志。

图 8-27　3C 认证

图 8-28　80 PLUS 认证

- ROHS 认证：是由欧盟立法制定的一项强制性标准，主要用于规范电子电气产品的材料及工艺标准，使之更加有利于人体健康及环境保护。该标准的目的在于消除电机电子产品中的铅、汞、镉、六价铬、多溴联苯和多溴联苯醚共 6 项物质，并重点规定了铅的含量不能超过 0.1%，如图 8-29 所示为 ROHS 认证标志。

- SLI Ready 认证：SLI Ready 认证由 nVidia 颁发，要求完美实现 SLI。电源的功率和内部设计都有很高的要求。目前能够获得这个认证的产品同样相当少，主要集中在高端电源中，如图 8-30 所示为 SLI Ready 认证标志。

图 8-29　ROHS 认证

图 8-30　SLI Ready 认证

8.4　练习与提高

（1）如图 8-31 所示为机箱的结构图，根据前面学过的知识，在标注框中填写对应的名称。

图 8-31　机箱结构

（2）如图 8-32 所示为电源的结构图，根据前面学过的知识，在标注框中填写对应的名称。

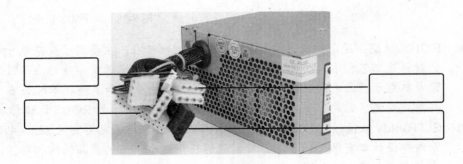

图 8-32　电源结构

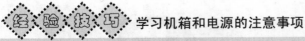 学习机箱和电源的注意事项

本章主要介绍了机箱与电源的知识，在学习过程中，应注意以下两点。

↘　在选购机箱时应该注意其散热方面的性能，这是影响电脑系统性能的关键。

↘　同样在选择电源时应注意其性能指标，结合电脑的需求进行选购。

第 9 章　其他外部设备

学习目标

- ☑ 认识键盘
- ☑ 认识鼠标
- ☑ 选购键盘和鼠标
- ☑ 认识及选购网卡、摄像头、扫描仪和打印机

目标任务&项目案例

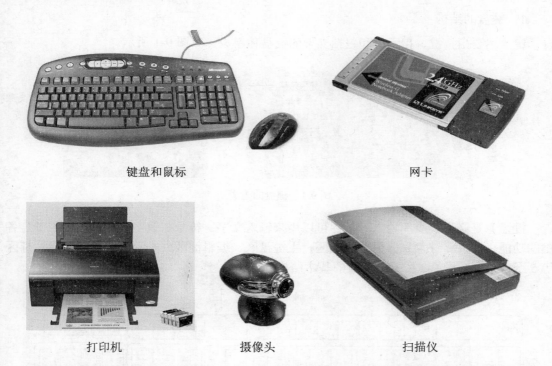

键盘和鼠标　　　　　　　　　　　　　　　网卡

打印机　　　　　　　　摄像头　　　　　　　扫描仪

　　前面讲解了电脑正常运行所需的基本设备的相关知识，本章将讲解电脑的基本输入设备——键盘和鼠标，另外还将讲解网卡、摄像头、扫描仪和打印机等扩展外设的相关知识。这些扩展外设不是电脑运行必需的，但是它们给我们的日常生活带来了不少便利，让生活变得丰富多彩。

9.1 键盘和鼠标

键盘是电脑必不可少的输入设备，自从个人电脑诞生以后，键盘就成了标准的输入设备。鼠标是一种用手灵活控制的输入设备，其外形就像一只小老鼠，因此它的英文名为Mouse。进入 Windows 时代以后，鼠标因定位准确，操作电脑方便灵活而成为标准的输入设备。

9.1.1 键盘

键盘是电脑最基本也是最重要的外设之一，通过键盘可以向电脑输入各种指令，控制电脑的运行，还可以向电脑输入文本和程序。作为重要的输入设备，如今仍然没有一种外设可以完全替代键盘的作用。

1．键盘的结构

键盘主要由按键、指示灯和包括支架的键盘体组成，如图 9-1 所示。

图 9-1　键盘的组成

键盘也是必不可少的输入设备，可以用来输入文字、符号和数字等数据。按照键盘各键的功能，可以将键盘划分为功能键区、主键盘区、编辑键区、小键盘区和状态指示灯区等 5 个键位区。图 9-2 所示为键盘的基本结构分布。

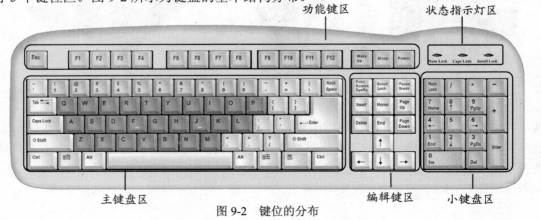

图 9-2　键位的分布

功能键区位于键盘的顶端；主键盘区是键盘上使用最为频繁的区域；编辑键区位于主

键盘区和小键盘区之间，主要用于控制和定位编辑过程中的插入点（又称插入光标）位置；小键盘区位于键盘的右下方，主要用于快速输入数字和常用的运算符号；状态指示灯区位于键盘的右上方，共有 3 个指示灯，分别用于显示键盘中相应按键的工作状态。

2．键盘的分类

键盘的种类很多，按照不同的标准可以将键盘分成不同的类型，下面介绍几种常见的键盘类型。

- **按键盘的接口分**：按照键盘的接口可将键盘分为 PS/2 接口和 USB 接口，如今市面上两种接口的键盘产品都很多。
- **按键盘的结构分**：按照键盘的结构可将键盘分为机械式键盘和电容式键盘两种。机械式键盘工艺简单，但是手感差、噪声大，长时间击键易引起手指疲劳；电容式键盘做工精细、手感好、噪声小，磨损率也非常低。
- **按键盘的外形分**：按照键盘的外形可以将键盘分成标准键盘和人体工程学键盘。一般用的键盘是标准键盘，如图 9-3 所示。人体工程学键盘是在标准键盘上将指法规定的左手键区和右手键区这两大板块左右分开，按照人体工程学形成一定角度，使操作者双手保持一种比较自然的形态，这样可以有效地降低左右手键区的误击率，减少由于手腕长期悬空而导致的疲劳，如图 9-4 所示。

图 9-3　标准键盘　　　　　　　　　　图 9-4　人体工程学键盘

- **按对键盘功能的扩展分**：市场上出现了带手写板的键盘和带多媒体功能的键盘。其中，带手写板的键盘是在标准键盘的基础上增加了一个手写板，如图 9-5 所示；多媒体键盘是在标准键盘基础上增加了多媒体功能，如一键上网、调节音量和播放音乐等。图 9-6 所示为一款 Microsoft 的多媒体键盘。

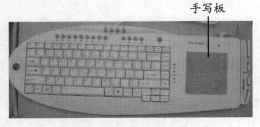　

图 9-5　带手写板的键盘　　　　　　图 9-6　Microsoft 的多媒体键盘

提示：

按键盘的连接方式可将键盘分为有线键盘和无线键盘。无线键盘需要在主机上的 USB 或 PS/2 接口插一个接收器，在接收器的有限范围内可以实现无线键盘操作。

9.1.2　鼠标

鼠标的全称为显示系统纵横位置指示器，标准称呼应该是"鼠标器"。鼠标的使用是为了使电脑的操作更加简便，代替键盘执行一些繁琐的指令。

1．鼠标的结构

使用鼠标可使一些操作的执行简单化，鼠标主要包括鼠标左键、鼠标右键和鼠标滚轮3部分，如图9-7所示。手握鼠标的方法为：将右手食指与中指分别放在鼠标的左键和右键上，拇指侧握鼠标左侧，无名指和小指放在鼠标右侧，掌心自然贴住鼠标后部，利用拇指、无名指和小指带动鼠标在桌面上移动，如图9-8所示。

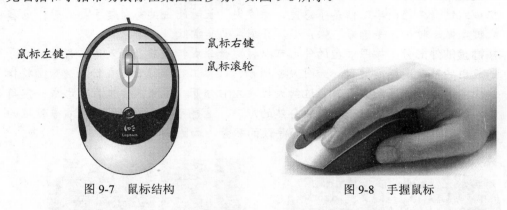

图9-7　鼠标结构　　　　　　　　图9-8　手握鼠标

对鼠标的操作主要有单击、右击和双击三种，下面分别介绍。

- **单击**：右手食指按下鼠标左键并快速松开，可选择对象。
- **右击**：右手中指按下鼠标右键并快速松开，可打开当前对象的快捷菜单。
- **双击**：右手食指在鼠标左键上快速单击两次，可快速打开文件。

2．鼠标的分类

鼠标的种类也比较多，主要可按鼠标的工作原理和鼠标的接口进行分类。

（1）按鼠标的工作原理

按鼠标的工作原理可分为轨迹球鼠标、机械式鼠标和光电式鼠标3种，下面分别对其进行讲解。

- **轨迹球鼠标**：轨迹球鼠标的工作原理与机械式鼠标相同，内部结构也类似，不同的是轨迹球鼠标工作时球在上面，直接用手拨动，而球座固定不动，如图9-9所示，目前市场上这种鼠标已基本绝迹。
- **机械式鼠标**：机械式鼠标又叫半光学鼠标，如图9-10所示，其工作原理是：在机械式鼠标底部有一个可以自由滚动的小球，在球的前方及右方装置两个支成90°角的内部编码器滚轴，移动鼠标时小球滚动便会带动旁边的编码器滚轴，前方的滚轴代表前后滑动，右方的滚轴代表左右滑动，两轴一起移动则代表非垂直及水平的滑动。编码器由此识别鼠标移动的距离和方位，产生相应的电信号传给电脑，以确定鼠标指针在屏幕上的正确位置。

- **光电式鼠标**：光电式鼠标一般简称光电鼠标，如图 9-11 所示。光电鼠标的定位比较精确，其内部有一个发光元件和两个聚焦透镜，工作时通过透镜聚焦后从底部的小孔向下发送一束红色的光线照射到桌面上，然后通过桌面不同颜色或凹凸点的运动和反射来判断鼠标的运动。

图 9-9　轨迹球鼠标　　　　图 9-10　机械式鼠标　　　　图 9-11　光电式鼠标

（2）按鼠标的接口

按照鼠标的接口可将鼠标分为串口鼠标、PS/2 接口鼠标和 USB 接口鼠标 3 种。

- **串口（COM 口）**：早期的鼠标所采用的接口，由于电脑的 COM 口本来就少，还要连接其他设备，所以很容易造成资源占用的问题。
- **PS/2 接口**：是传统的接口标准，至今仍有厂家采用。
- **USB 接口**：是新一代的接口标准，即插即用，支持热插拔。

提示：

> 鼠标和键盘都是采用 PS/2 接口的，在主机上区分鼠标和键盘 PS/2 接口的方法是通过接口的颜色，键盘接口以紫色表示，鼠标接口以绿色表示。

9.1.3　键盘和鼠标的选购指南

面对市场上各种型号的键盘、鼠标，很多用户会感觉到迷茫，不知道该如何选择。下面将对键盘和鼠标的选购进行简单的讲解。

1．键盘的选购

作为电脑的输入设备，键盘是使用电脑过程中双手接触最为频繁的设备。一套质量上乘的键盘不仅会使信息输入工作更加快捷方便，而且有利于保护用户的双手，下面将对键盘的选购方法进行讲解。

- **从外观上判断**：一款好的键盘用料扎实，一般采用钢板为底板，用手掂量感觉比较重，按键上的字符很清晰，在键盘背面有厂商名称、生产地和日期标识。一些多媒体键盘上都有不少的快捷键，可以一键收发电子邮件和启动浏览器等，选择这类键盘可以带来很多方便。
- **从键盘的性能判断**：键盘的接口主要分为 PS/2 接口和 USB 接口，用户可根据实际需求选择。质量上乘的键盘按键次数在 3 万次以上，而且按键上的符号不易褪色，整个键盘有防水功能。
- **从实际操作手感判断**：质量好的键盘一般在操作时手感比较舒适，按键有弹性而且灵敏度高，敲击后无粘滞感或卡住现象。建议选择知名键盘厂商生产的键盘，如 Microsoft、罗技和明基等，大厂生产的键盘手感舒服，质量不用担心，售后服务也可得到保障。另外市场上的人体工程学键盘根据人体工程学设计制造，即使长时间使用也不会感到手腕劳累。

📢提示：

在购买键盘时千万不能因小失大，价格虽重要，但质量上也不能马虎，否则买了价低质劣的键盘在使用中将带来更多的麻烦。

2．鼠标的选购

鼠标是现在操作平台上不可缺少的利器，一款好的鼠标可以极大地提高工作效率，因此鼠标的选购尤其重要。

鼠标的主要技术指标有分辨率（cpi）、按键点按次数和刷新率等，可根据这些技术指标来进行鼠标的选购。

- ➥ **分辨率（cpi）**：分辨率越高，在一定的距离内可获得的定位点越多，鼠标将更能精确地捕捉到用户的微小移动，尤其有利于精准的定位；另一方面，cpi越高，鼠标在移动相同物理距离的情况下，鼠标指针移动的逻辑距离会越远。机械鼠标的分辨率多为 200~400cpi；而光电式鼠标的分辨率则是 400~800cpi。
- ➥ **按键点按次数**：这是衡量鼠标质量好坏的一个指标，优质鼠标每个微动开关的正常寿命都不少于 10 万次的点击，而且手感要适中，不能太软或太硬。质量差的鼠标在使用不久后就会出现各种问题，如单击鼠标变成双击、单击鼠标无反应等。如果鼠标按键不灵敏，会给操作带来诸多不便。
- ➥ **刷新率**：它是对鼠标光学系统采样能力的描述参数，发光二极管发出光线照射工作表面，光电二极管以一定的频率捕捉工作表面反射的快照，交由数字信号处理器（DSP）分析和比较这些快照的差异，从而判断鼠标移动的方向和距离。刷新率越高，鼠标的反应越敏捷、准确和平稳（不易受到干扰），而且对任何细微的移动都能作出响应。

📢提示：

市场上有很多键鼠套装，购买这类产品会有许多折扣，比单独购买划算许多，建议用户选择鼠标和键盘时可考虑购买键鼠套装。

9.1.4　应用举例——辨别鼠标的真假

由于双飞燕和罗技鼠标的口碑不错，因此市场上有很多假冒的双飞燕和罗技鼠标。要辨别这两类鼠标的真伪，可以按以下方法来进行真假的辨别。

- ➥ **双飞燕鼠标辨识**：真品双飞燕鼠标的外包装清晰明了，假冒产品印刷图案模糊黑暗；真品有生产 3 证（生产厂、日期、地点），而假冒产品无 3 证；真品鼠标颜色为灰白色，假冒产品为灰红杂色；真品鼠标型号为注塑钢印方型，而假冒产品为蓝色半圆印刷贴纸。
- ➥ **罗技鼠标辨识**：真品罗技鼠标的固定螺丝槽做得很深，而假的做工粗糙，因此螺丝槽很浅；真品罗技鼠标采用的螺丝通过特殊处理，在光照下会呈现淡蓝色，而假货的螺丝则是发白的；罗技产品有专门的防伪标志，在鼠标底部或侧面揭开防伪专用标志拨打电话 800 就可以知道真假了。

9.2 网 卡

电脑的主板上有多个 PCI 插槽，用于安装扩展电脑功能的设备。下面将介绍扩展电脑功能的设备——网卡，当电脑成为网络中的一员时，网卡便开始发挥作用。网卡是负责将电脑连入网络，与其他电脑进行通信的设备，下面将对网卡的相关知识进行介绍。

9.2.1 网卡结构

网卡（Network Interface Card，NIC）是网络适配器的简称，是多台电脑之间用于联网的基本网络设备。通过网线连接网卡，可将多台电脑连接起来组成一个小型网络，如图 9-12 所示。

网卡芯片

网卡接口

图 9-12 网卡

网卡的重要组成部分是网卡芯片和网卡接口，它们的作用分别如下。

- **网卡芯片**：网卡芯片用于控制网卡的工作，是网卡的控制中心，主要功能是将数据信号进行编码传送和解码接收。
- **网卡接口**：常见的网卡接口有 RJ-45 和 BNC 两类，还有同时具有 RJ-45 和 BNC 接口的网卡。RJ-45 用于双绞线的连接，BNC 用于同轴电缆的连接，不过现在采用 BNC 接口的网卡已经很少见了，市场上主要都是 RJ-45 接口的网卡。

9.2.2 网卡的分类

网卡可按不同的标准进行分类，如网卡的传输速率、网卡的安装对象以及网卡的工作模式等，下面将分别对其进行介绍。

1．按网卡的传输速率

按网卡传输速率可将网卡分为 10MB 网卡、100MB 网卡、1000MB 网卡和 10/100MB 自适应网卡等。

- **10MB 网卡**：是较早的一种网卡，其传输率较低，现已基本被淘汰，10M 网卡的理论传输速率是 1.25MB/s。

- **100MB 网卡**：在 10MB 网卡的基础上升级而来，其传输速率是 12.5MB/s。
- **1000MB 网卡**：普遍应用在主干网、光纤等高速大容量的网络通信中。
- **10/100MB 自适应网卡**：可根据网络的传输速率自动将网卡速度调整为 10MB 或 100MB，目前 10/100MB 自适应网卡是市场的主流。

2. 按网卡的安装对象

按网卡的安装对象可将网卡分为普通网卡、笔记本网卡、无线网卡和服务器网卡等，下面分别介绍。

- **普通网卡**：是大多数普通电脑使用的网卡，具有价格便宜、功能实用等优点。
- **笔记本网卡**：专门为笔记本电脑设计，具有体积小巧、功耗低等优点，适合移动使用。不过现在主流笔记本主板上大多集成了网卡，不用单独购买安装笔记本网卡，如图 9-13 所示为一块笔记本网卡。
- **无线网卡**：该类网卡依靠无线传输介质进行信号的传输，避免了网络布线的限制，如图 9-14 所示为一款无线网卡的外观。
- **服务器网卡**：这类网卡能满足网络中大容量数据通信的需求，并且具有极高的可靠性和稳定性，如图 9-15 所示。

图 9-13　笔记本网卡

图 9-14　无线网卡

图 9-15　服务器网卡

3. 按网卡的工作模式

按网卡的工作模式可将网卡分为半双工网卡和全双工网卡，下面将分别进行介绍。

- **半双工网卡（half duplex）**：在一个时间段只能传送或接收数据，不能在传送数据的同时接收数据或在接收数据的同时传送数据，半双工模式已逐步被淘汰。
- **全双工网卡（full duplex）**：指网卡在发送数据的同时也能够接收数据，两者同步进行，就像平时打电话一样，说话的同时也能够听到对方的声音。目前的网卡一般都支持全双工。

9.2.3　网卡的选购指南

在选购网卡时，可通过网络类型、传输速率、总线类型和支持的电缆接口等几种因素进行判断，下面将分别对其进行讲解。

1．网络类型

目前的网络类型主要有以太网、令牌环网和 FDDI 网等，选购网卡时应根据网络的类型来进行。

2．传输速率

根据服务器或工作站的带宽需求并结合物理传输介质所能提供的最大传输速率来选择网卡的传输速率。这里以以太网为例，可选择的速率就有 10Mbps、10/100Mbps、1000Mbps 或 10Gbps 等多种，但不是速率越高就越合适。

3．总线类型

电脑常见的总线插槽类型有 ISA、EISA、VESA、PCI 和 PCMCIA 等。在服务器上通常使用 PCI 或 EISA 总线的智能型网卡，工作站则采用可用 PCI 总线的网卡，笔记本电脑则用 PCMCIA 总线的网卡或采用并行接口的便携式网卡。目前的电脑不再支持 ISA 连接，所以当为电脑购买网卡时，不要选购已经过时的 ISA 网卡，而应当选购 PCI 网卡。

4．支持的电缆接口

网卡最终是要与网络进行连接，所以也就必须有一个接口使网线通过它与其他网络设备连接起来。不同的网络接口适用于不同的网络类型，目前常见的接口主要有以太网的 RJ-45 接口、FDDI 接口和 ATM 接口等。而且有的网卡为了适用于更广泛的应用环境，提供了两种或多种类型的接口，如有的网卡会同时提供 RJ-45、BNC 接口或 AUI 接口。

9.2.4　应用举例——辨别网卡的真伪

在选购网卡时，应该注意辨别其真伪，目前市场上的网卡类型很多，假冒伪劣的网卡也时有出现。下面就对选购网卡时必要的参考因素进行介绍。

1．采用喷锡板

通常，优质网卡的电路板一般采用喷锡板，网卡板材为白色，而劣质网卡为黄色。

2．采用优质的主控制芯片

主控制芯片是网卡上最重要的部件，它决定了网卡性能的优劣，因此，优质网卡所采用的主控制芯片应该是市场上的成熟产品。市面上很多劣质网卡为了降低成本而采用版本较老的主控制芯片。

3．大部分采用 SMT 贴片式元件

优质网卡除电解电容以及高压瓷片电容以外，其他器件大部分采用比插件更加可靠和稳定的 SMT 贴片式元件。劣质网卡则大部分采用插件，不能保证网卡的散热性和稳定性。

4．镀钛金的金手指

优质网卡的金手指选用镀钛金制作，既增大了自身的抗干扰能力，又减少了对其他设备的干扰，同时金手指的节点处为圆弧形设计，而劣质网卡大多采用非镀钛金，节点也为直角转折，影响了信号传输的性能。

9.3 打 印 机

打印机可将电脑中的文档文件和图形文件快速、准确地并能以真实的色彩打印到纸质媒体上，是电脑系统中重要的输出设备之一，下面将对其相关知识进行介绍。

9.3.1 打印机的种类

按照打印方式不同，可将打印机分为针式点阵打印机、喷墨打印机和激光打印机3种，下面分别对其进行介绍。

1．针式点阵打印机

针式点阵打印机又叫针式打印机，主要由打印机芯、控制电路和电源3部分组成，一般为9针和24针，如图9-16所示。针式打印机上的打印头有24个电磁线圈，每个线圈驱动一根钢针产生击针的动作，通过色带在打印纸上打印，打印出来的字符为点阵式。点阵式打印机打印的图像效果很差，而且工作时噪声较大。但是针式打印机价格低廉，打印成本低，简单易用，现在只有少数领域在打印表格、文字时使用针式打印机。

2．喷墨打印机

喷墨打印机主要是通过喷墨头喷出的墨水实现打印的，打印墨水滴的密度可达每平方英寸90000个点，而且每个点的位置非常精确，完全可达到铅字质量。喷墨打印机的打印速度受图像复杂度的影响，图像越复杂，打印速度越慢。喷墨打印机以较低的成本实现了较好的彩色打印效果，其打印介质可包括一般打印纸、复印纸、喷墨专用纸、喷墨专用胶片、信封和卡片等。目前喷墨打印机打印头的工作方式可分为压电喷墨技术和热喷墨技术两大类型，其中采用压电喷墨技术的产品主要是 EPSON 公司的喷墨打印机，而 Canon 和 HP 等公司的产品则采用热喷墨技术，图9-17所示为一款 EPSON 的喷墨打印机。

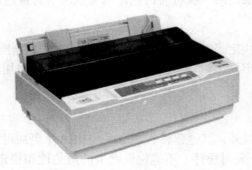

图 9-16 针式点阵打印机

图 9-17 喷墨打印机

3．激光打印机

激光打印机是利用激光束进行打印的一种新型打印机，其工作原理是：使用一个旋转多角反射镜来调制激光束，并将其射到具有光导体表面的鼓轮或带子上，当光电导体表面移动时，经调制的激光束便在上面产生潜像，然后上色剂便吸附到表面潜像区，再以静电方式转印在纸上并溶化成永久图像或字符。激光打印机以其优异的彩色打印效果、低廉的打印成本、优秀的打印品质逐步成为市场的主导。从单色、A4 幅面的个人打印机直到彩色、A3 幅面的网络打印机，几乎每一位用户都能够从中找到适合自己需求的规格。图 9-18 所示为激光打印机。

图 9-18　激光打印机

9.3.2　打印机的选购指南

打印机同样是电脑的一种重要的输出设备，选购打印机时应综合考虑各方面的因素，下面将对选购打印机的方法进行简单介绍。

1．用户需求

购买打印机应根据不同用户的实际需要而定，如果只是为了一般文字图片打印和娱乐打印，购买普通的喷墨打印机就可以了；如果是用来打印高品质的照片，则应购买照片级的喷墨打印机。

2．打印速度

打印机的打印速度以每分钟打印多少页纸（ppm）来衡量，生产商在标注产品技术指标时通常都会有黑白和彩色两种打印速度。一般打印机打印文本的速度比打印图像的速度快，另外打印时设定的分辨率越高，打印速度就越慢。

3．打印分辨率

衡量图像清晰程度最重要的指标就是分辨率（每平方英寸多少个点，dpi），分辨率越高，图像精度就越高，打印质量自然就越好。300dpi 是人眼分辨打印文本与图像的边缘是否有锯齿的临界点，再考虑到其他因素，只有采用 360dpi 以上分辨率的打印机，其打印效果才能令人满意。

133

4．色彩数目

更多的彩色墨盒数意味着更丰富的色彩。就目前市场来看，红、黄、蓝三色打印机正随着新型四色打印机的推广而逐渐退出市场。而比传统的三色增加了黑、淡蓝和淡红的六色打印机以其更佳的图形打印质量和更精细的颜色表现力，更符合专业用户的需求。

5．整机价格及打印成本

打印成本主要包括墨盒与打印纸，这都是长期成本，所以在购买时应该考虑墨盒的类型。有的喷墨打印机没有配备黑色墨水，黑色的打印是通过彩色合成的，但打印机若是用黑色墨水打印黑色就可节省价格相对高的彩色墨盒，有利于节约打印成本；而另外多数打印机在普通纸上打印黑白文本有不错的效果，对于优秀的打印机来说，它能帮助用户节约打印成本，所以应该作为衡量打印机的一个标准。

6．技术支持、售后服务

打印机属于消耗型的硬件设备，在使用过程中难免会出现一些问题，良好的售后服务与技术支持对于非专业用户来说是极为重要的，所以购买打印机时应注意厂家是否能提供更长的保修期。

9.3.3　应用举例——主流打印机产品

打印机在日常生活和工作中都会经常用到，目前市场上的打印机品牌主要有佳能、惠普和爱普生等。下面将对不同层次的打印机进行介绍。

1．高端打印机

下面将推荐几款高端打印机。

- ➦ HP9050DN：一款专业为 A3 幅面文件输出用户准备的黑白激光打印机，其不仅标配有双面打印和网络打印功能，最大月打印量更是高达 300000 页，全面满足大型工作组和部门的需求，如图 9-19 所示。
- ➥ 京瓷 ECOSYS：全面支持 IPv6 和 IPsec 网络协议，而且配置了用户识别协议 IEEE802.1x，可以杜绝非法用户入侵，确保内部机密不外泄。它配备京瓷 KM-NET 部门管理功能，系统管理者可监管用户打印情况，杜绝浪费，特别适用于实施 ISO14001 管理体系的团体用户，如图 9-20 所示。

图 9-19　HP9050DN

图 9-20　京瓷 ECOSYS

2. 中端打印机

下面将推荐几款中端打印机。

- **富士施乐 DocuPrint C1110**：拥有完备的接口设计，内置 100Base-TX/10 Base-T 接口，标配网卡，能够支持网络打印功能。标配的 PS3 打印语言也让图像的打印品质大大增强，如图 9-21 所示。

- **三星 CLP-350N**：标配三星 CHORUSm 300MHz 中央处理器和 128MB 内存，最大可以扩展到 256MB，即使应对再多的打印任务，也能轻松处理。此外，它支持现在主流的多种操作系统，让用户拥有更多的输出平台可选择，如图 9-22 所示。

图 9-21 富士施乐 DocuPrint C1110　　　　　　图 9-22 三星 CLP-350N

3. 低端打印机

下面将推荐几款低端打印机。

- **爱普生 ME1+**：采用时尚的白色"新装"，更加符合流行群体的审美观念，并可与居家环境完美的融合，整体外观延续上一代机型的简洁流畅设计，机身配有可以实现 4 种功能的两个物理按键和显示 3 种状态的的两组指示灯，如图 9-23 所示。

- **惠普 D2468**：打印负荷提升到 1000 页/月，打印纸盒可安装多达 80 页打印纸，在进行连续打印时，不必守候在打印机旁，节省了用户的时间。另外在打印效果和打印色度上都能够很好地满足家庭用户，如图 9-24 所示。

图 9-23 爱普生 ME1+　　　　　　图 9-24 惠普 D2468

9.4 摄像头和扫描仪

摄像头（CAMERA）又称为电脑相机，电脑眼等，如图 9-25 所示，是一种视频输入设备，可通过其在网络上进行有影像的交谈和沟通。扫描仪（scanner）是一种电脑外部设备，如图 9-26 所示，通过捕获图像并将之转换成电脑可以显示、编辑、存储和输出的数字化输入设备。

图 9-25　摄像头   图 9-26　扫描仪

9.4.1 摄像头的选购指南

随着网络的发展，传统的交流方式已经不能满足人们的需求。利用摄像头就可以和远方的朋友进行面对面的交流。下面将对摄像头的性能指标和选购知识进行介绍。

1. 摄像头的性能指标

摄像头的性能指标决定着其成像质量的好坏，下面将对摄像头的性能指标进行讲解。

- **图像解析度/分辨率**（Resolution）：可表示成像的清晰度万像素。如 SXGA（1280×1024）又称 130 万像素、XGA（1024×768）又称 80 万像素。

- **图像格式**（imageFormat/Colorspace）：RGB24、I420 是目前最常用的两种图像格式。RGB24：表示 R、G、B 3 种颜色各 8bit，最多可表现 256 级浓淡，从而可以再现 256×256×256 种颜色；I420：YUV 格式之一。

- **自动白平衡调整**（AWB）：要求在不同色温环境下，照白色的物体，屏幕中的图像应也是白色的。色温表示光谱成分，光的颜色。色温低表示长波光成分多。当色温改变时，光源中三基色（红、绿、蓝）的比例会发生变化，需要调节三基色的比例来达到彩色的平衡，这就是白平衡调节的实际。

- **图像压缩方式**：JPEG 为静态图像压缩方式，是一种有损图像的压缩方式。压缩比越大，图像质量也就越差。当图像精度要求不高、存储空间有限时，可以选择这种格式。目前大部分数码相机都使用 JPEG 格式。

➡ **彩色深度（色彩位数）**：反映对色彩的识别能力和成像的色彩表现能力，实际就是 A/D 转换器的量化精度，是指将信号分成多少个等级。常用色彩位数（bit）表示。彩色深度越高，获得的影像色彩就越艳丽动人。现在市场上的摄像头均已达到 24 位，有的甚至是 32 位。

➡ **图像噪音**：指的是图像中的杂点干扰。可在图像中表现为有固定的彩色杂点。

➡ **视角**：与人的眼睛成像是相成原理，简单说就是成像范围。

📢 **提示：**

> 摄像头的接口有多种，其中串行接口（RS232/422）传输速率较慢，为 115Kbps；并行接口（PP）速率可以达到 1Mbps；红外接口（IrDA）的速率也是 115Kbps，一般笔记本电脑有此接口；通用串行总线 USB 为即插即用的接口标准，支持热插拔，USB1.1 速率可达 12Mbps，USB2.0 可达 480Mbps；IEEE1394（火线）接口，也称 ilink 接口，其传输速率可达 100~400Mbps。

2．摄像头的选购

在选购摄像头时，主要可以从镜头、感光芯片和视频捕捉速度等方面来考虑。下面将对其进行简单讲解。

（1）镜头

摄像头的核心就是镜头，现在市面上有两种感光元器件的镜头，一种是 CCD（Charge Coupled Device，电荷耦合器），一般是用于摄影摄像方面的高端技术元件，应用技术成熟，成像效果较好，但是价格相对而言较贵。另外一种是比较新型的感光器件 CMOS（Complementary Metal Oxide Semiconductor，互补金属氧化物半导体），相对于 CCD 来说价格较低，功耗较小。

（2）感光芯片（SENSOR）

SENSOR 是数码摄像头的重要组成部分，根据元件不同分为 CCD（应用在摄影摄像方面的高端技术元件）和 CMOS（应用于较低影像品质的产品中）。CCD 的优点是灵敏度高、噪音小、信噪比大，但是生产工艺复杂、成本高、功耗高。CMOS 的优点是集成度高、功耗低（不到 CCD 的 1/3）、成本低。但是噪音比较大、灵敏度较低、对光源要求高。

（3）视频捕获速度

视频捕获能力是用户最为关心的功能之一，很多厂家都声称最大 30 帧/s 的视频捕获能力，但实际使用时并不能尽如人意。目前摄像头的视频捕获都是通过软件来实现的，因而对电脑的要求非常高，即 CPU 的处理能力要足够快，其次对画面要求的不同，捕获能力也不尽相同。

9.4.2　扫描仪的选购指南

扫描仪是一种将图片、文档以图片形式扫描保存到电脑中的输入设备。图 9-27 所示为 3 种不同的扫描仪。随着功能的不断增强和价格的不断降低，扫描仪的使用越来越大众化，除了平面广告设计、出版印刷等领域，个人、家庭购买扫描仪也逐渐普遍起来。

在选购扫描仪时，主要可通过其性能指标进行选择。扫描仪的性能指标主要有分辨率、色彩位数、灰度级和扫描幅面等，下面将分别对其进行讲解。

手持式扫描仪　　　　平板式扫描仪　　　　滚筒式扫描仪

图 9-27　扫描仪

1．分辨率

分辨率是扫描仪最重要的技术指标之一，也是选购专业扫描仪的重要参考之一。扫描仪的分辨率包括光学分辨率和最大分辨率两种，光学分辨率是扫描仪的硬件水平所能达到的实际分辨率；最大分辨率则是指为了提高设备处理图像的质量，利用软件技术在硬件产生的像素点之间再插入另外的像素点后能获得的最高分辨率。分辨率体现了扫描仪的扫描精度，也就是图像细节的表现能力。目前，多数扫描仪的分辨率在 300~2400dpi 之间。但扫描仪的实际精度用 lpi（即长度上实际能分辨出的线条的个数）来表示，分辨率为 300~2400dpi 的扫描仪的实际精度一般为 200~400lpi。市面上多数扫描仪分辨率可以达到 300×600dpi、600×1200dpi 等。

2．色彩位数

色彩位数表示彩色扫描仪所能产生的颜色范围，通常用每个像素点上颜色的数据位表示，色彩位数越多扫描的图像效果越真实。目前一般扫描仪的色彩数为 24bit、30bit、36bit、42bit 和 48bit。对于普通用户来说，24bit 和 30bit 就足够了，因为一般的文稿或图片即使用高色彩位数的扫描仪进行扫描，图像效果也不会比低色彩位数扫描质量提高很多。

3．灰度级

灰度级表示灰度图像的亮度层次范围，它决定了扫描仪扫描时从暗到亮的扫描范围大小。灰度级越大，扫描层次越丰富，扫描的效果也就越好。目前多数扫描仪的灰度级一般为 256 级，但也有采用 512 级灰度级的扫描仪。

4．扫描幅面

扫描幅面表示可扫描图稿的最大尺寸，常见的幅面有 A4、A3、16 开和 32 开等。

5．接口类型

扫描仪的接口主要有 3 种类型：SCSI、EPP 和 USB，下面分别进行讲解。

- ➥ **SCSI 接口**：SCSI 接口的扫描仪在使用前需要安装 SCSI 卡，并设置 SCSI 卡跳线。但采用这种接口的扫描仪扫描和传输的速度比较快，适合在专业领域使用。
- ➥ **EPP 增强型并行接口**：现在的个人电脑一般都配备了 EPP 接口。EPP 接口的速度

138

比较慢，但价格便宜、安装方便，适用于家庭、普通办公等非专业场合。

➡ **USB 接口**：USB 接口支持热插拔，使用方便且速度较快。目前一些较新型号的扫描仪采用 USB 接口。

9.4.3 应用举例——辨别扫描仪和摄像头的真伪

市场上扫描仪和摄像头产品众多，经常会买到假冒的扫描仪和摄像头。如果要正确地对其进行选择，可以按以下方法来进行真假的辨别。

➡ **扫描仪**：真品扫描仪有生产 3 证（生产厂、日期、地点），假冒产品无 3 证；真品扫描仪所用材质精良、颜色鲜明、表面光滑平整，假冒产品表面粗糙；真品扫描的图像清晰，而假冒扫描的图像模糊不清。

➡ **摄像头**：真品摄像头做工精良，而假的做工粗糙；真品摄像头成像品质优良，且成像清晰，而假货像素与实际像素相差太远，画面模糊。

9.5 上机及项目实训

9.5.1 搜集电脑外设产品信息

本例将在太平洋电脑网（http://www.pconline.com.cn）中查找并搜集电脑外设的信息，这里以键盘、鼠标为例进行讲解，通过对比产品的性价比，选择适合的设备。

操作步骤如下：

（1）打开太平洋电脑网主页，在导航栏中单击"键鼠"超级链接，进入如图 9-28 所示的页面，选择"罗技"选项进行浏览。

（2）在打开的页面中选中要进行比较的产品前面的"比较"复选框，如图 9-29 所示。

图 9-28 鼠标键盘的信息   图 9-29 选择产品

（3）单击 开始对比 按钮，即可对选中的产品进行比较，如图 9-30 所示。

（4）在打开的页面中可看见所选产品的对比结果，如图 9-31 所示。

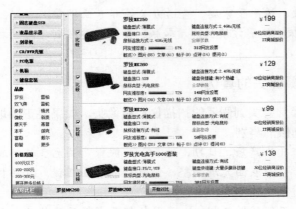

图 9-30　开始对比　　　　　　　　　　　　　图 9-31　对比结果

📢提示：

> 在查找产品信息时除了上太平洋电脑网查找，还可以去泡泡网中查找，在其中都能找到用户想了解的一些信息，为用户提供便利。

9.5.2　观察电脑外设的连接

　　本例将引导用户熟悉电脑基本的外设连接方法，通过观察掌握一般外设的连接方法，这里主要观察可即插即用的外设，如键盘、鼠标、摄像头等。主要操作步骤如下：

　　（1）在主机箱的背面可观察到键盘的蓝色接口，插入其对应的蓝色接口，鼠标的绿色接口插入对应的绿色接口中，如图 9-32 所示。

　　（2）摄像头的接口是连接在主机箱的 USB 接口中，如图 9-33 所示，最好将其接入主机箱后面的 USB 接口，这样可直接由主板供电，让使用更稳定。

图 9-32　鼠标键盘的连接　　　　　　　　图 9-33　摄像头的连接

📢提示：

> 连接其他的 USB 接口设备与之相同，区别只是在于一些设备在连接后需要安装驱动程序才能被使用，如打印机等。

9.6　练习与提高

　　（1）如图 9-34 所示为鼠标的真品与劣质品，对比真伪产品的特征，进一步掌握选购硬件设备的方法。

图 9-34 鼠标的辨别

（2）简述选购打印机时有哪些注意事项。

（3）简述扫描仪的分类。

（4）在网上查找有关键盘、鼠标、打印机、扫描仪和摄像头的最新信息，并将不同型号的产品进行对比，了解哪种产品的性价比高。

 **选购电脑外部设备注意事项**

通过本章的学习，可以对电脑的一些外部设备有更深刻的认识，总结如下。

➥ 在选购键盘与鼠标时，要根据选择性能指标好且手感不错的产品。

➥ 在选择打印机时不一定选购价格高的，关键在于选择性价比高且适应需求的即可。

➥ 选购扫描仪可根据其性能指标，结合实际需要进行选购。

第 10 章　电脑组装流程

学习目标

- ☑ 了解电脑的组装流程
- ☑ 直观地感受各硬件设备的外观与结构
- ☑ 在组装电脑的过程中进一步熟悉硬件的安装方法
- ☑ 认识机箱内部连线并了解其连接方法

目标任务&项目案例

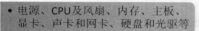

组装机箱内部硬件　• 电源、CPU及风扇、内存、主板、显卡、声卡和网卡、硬盘和光驱等
连接机箱内部硬件连线　• 主板连线、硬盘连线、光驱连线和其他连线
连接电脑外设　• 显示器、鼠标、键盘、音频等

电脑组装流程　　　　　　　　　　　　部分机箱内部硬件

电脑内部连线　　　　　　　　　　　　组装好的整机

　　前面章节讲了电脑配件的一些基本知识和选购技巧，购买这些电脑配件并做好组装前的准备工作后，就可以进行电脑的组装了。本章将用流程图解的方式讲解电脑硬件的组装流程。

10.1　电脑配件的综合选购与搭配

在选购电脑时，最主要的是看各个配件的搭配是否合理，能否使配置的电脑达到较高的性价比。下面将对电脑的选购原则及选购误区进行讲解。

10.1.1　选购原则

在选购电脑时，如果希望购买的电脑有较高的性价比，应该遵循以下几点原则。

🔔注意：

够用、耐用是选购普通电脑的两个最基本原则。

1．按需配置

在购买电脑前一定要明确自己电脑的用途，也就是说用户究竟让电脑做什么工作、需具备什么样的功能。明确了这一点，才能有针对性地选择不同档次的电脑。如办公人员要求电脑能够处理日常办公事务，能适当休闲娱乐；程序员要求电脑能稳定运行，并且辐射要低；游戏玩家要求电脑显卡有强劲的性能，内存要足够大，键盘和鼠标都要一流的；上网发烧友希望电脑的硬盘足够大，最好能有台 DVD 刻录机。根据不同需求配置电脑，才能做到有的放矢。

2．追求性价比

性价比就是性能和价格之比，当然越高越好。性价比越高，表示用较少的钱买到较好的东西。在满足需求的基础上尽量追求性价比。如办公人员就可以购买集成声显卡甚至集成网卡的主板，这样已经能够满足办公的需求了，而这样的一款主板也就是五六百元，完全没有必要为购买主板付出五六百元，然后声卡、显卡和网卡再单独购买，这样的性价比实在不高。在办公中，独立声显卡的电脑并不比集成声显卡的电脑性能高。另外，如果遇到厂家做活动，如买显示器送键盘、鼠标之类的，就可以考虑了，花同样的钱多一套键鼠，何乐而不为呢。

3．品牌优先

品牌厂商的产品一般比普通杂牌的产品要贵一些，但是换来的是优良的品质和良好的信誉保证。品牌厂商的研发、用料和测试都是很严格的，因此能够保证配件的质量。而普通杂牌厂商为了盈利，不断缩减成本，不得不在产品的用料上偷工减料，服务质量也大打折扣。购买普通杂牌的产品，性能不会突出，而且其质量也难以保证。因此建议购买电脑配件时，在预算资金不是很紧张的情况下，尽量优先考虑品牌产品。

📢提示：

品牌选择不是一味地选择大厂产品，一些二线厂商推出的产品反而性价比比较高，上市后会很快成为市场热点。

10.1.2 选购误区

购买电脑时许多用户容易进入一些误区，下面介绍几种常见的选购误区。

1．想一步到位

有的用户刚刚具备一些电脑基础知识，认为买电脑就要买最好的，什么都买顶级的，以后就不用再买了。其实不然，购买电子类产品包括电脑是不可能一步到位的，电脑技术在不断发展，生产工艺在不断改进，也许现在花钱买了个目前最顶级的配置，但是不出 3 年，这台电脑的大部分配件就要被淘汰掉，而且一个电脑初学者是不可能让一台顶级电脑充分发挥作用的，况且顶级配置中必然有很多是新上市的配件，价格处于最高峰，此时购买性价比是最低的。所以一步到位的思想不能有，选购电脑应选择适用和实用的配件，用不到的功能就一定不多花钱去购买。

2．购买电脑只注重 CPU

电脑配件的广告中 CPU 是比较多的，很多用户受到广告的误导，认为一台电脑的性能就是由 CPU 决定的，因此购买电脑时只考虑 CPU 的频率高不高，而不考虑其他部分，往往这样配置的电脑是高价低能，除 CPU 外其他配件很容易买到奸商推荐的次品，在实际使用中并不能突出 CPU 的性能，反而会因为其他配件的性能差，产生瓶颈而导致整机性能差。所以购买电脑要全面考虑各个配件，CPU 的频率只要合适就行了。

3．一味追求新产品

有些用户在买电脑时，喜欢选购才上市的新产品，认为刚刚上市的产品性能好，值得购买。其实对于普通用户来说，虽然刚刚上市的产品有着更新的技术和更强大的功能，但是却不应该考虑购买，这是因为：第一，刚刚上市的产品价格必然很高，如一块高性能的显卡，刚刚上市的时候价格相当于一台整机，而几个月之后，价格将会降到 2000 元以下，性能却仍然强劲；第二，刚刚上市的产品，未经过市场的考验，其兼容性和稳定性要在实际使用一段时间后才能表现出来，很可能在使用中出现各种问题。所以选购一款在市场上成熟的产品，不但价格合理，而且使用起来也比较放心。

10.2　电脑组装的准备工作

组装电脑前应该做好准备工作，这样才能保证组装过程的顺利进行，提高组装的效率和质量。

10.2.1 释放静电

电脑配件特别是 CPU、内存和显卡上都带有精密的电子元件，这些电子元件最怕静电。因为静电在释放的瞬间，其电压值可以达到上万伏，很容易就将配件上的电子元件击穿。人身上都带有静电，因此在组装电脑之前应先将身上的静电释放。释放静电的方法很简单，可以摸一下接地的金属物品（例如自来水管）或者洗洗手。由于在组装电脑的过程中也会产生静电，因此最好在组装过程中也多次释放静电。

10.2.2　准备工具和配件

准备好前面所讲的工具和需要安装的各种配件，如机箱、主板、CPU、内存、显卡、声卡、硬盘、光驱、软驱、电源、数据线、信号线和显示器等。

10.2.3　组装前的注意事项

电脑的各个配件都是高度集成的电子元件，电子元件是很脆弱的，如果在安装过程中操作不慎，可能导致某个配件的损坏，一旦有所损坏，要想修复就不那么容易了，因此在装机过程中需要注意以下一些问题。

- ➥ 在操作过程中，应该注意不要连接机箱的电源线，如果机箱连接了电源线，不要进行机箱内的操作。
- ➥ 在装机过程中，要小心没有释放身上静电的人碰触到各配件，任何装在防静电袋中的配件都不要先打开，等需安装这个配件时再把它拿出来。如果有条件，可以戴防静电手腕带或防静电手套。
- ➥ 在组装过程中，对各个配件轻拿轻放，小心不要碰落在地上。
- ➥ 在插拔 CPU、内存、硬盘和光驱的 IDE 线时，一定不能太用力，否则可能会弄弯插针或损坏配件，应该小心地进行操作。如果有无法插进的情况，可调整位置后再试。
- ➥ 在固定硬盘、光驱等设备时，机箱一定要平稳放置，安装螺丝采用对称安装的方式，把所有的螺丝都安上后再拧紧。
- ➥ 在拧紧螺丝时，不能太用力，适当拧紧就可以了，如果过度用力，可能导致螺丝出现"滑丝"，不能拧紧也不能拧松。

10.3　电脑硬件组装流程

在组装电脑前，除了做好准备工作外，还应该了解电脑组装的流程，这样才能一气呵成地将整个操作完成。组装电脑的流程通常可以按照如图 10-1 所示进行。

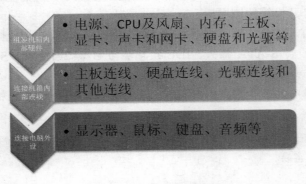

图 10-1　组装电脑流程图

在组装电脑时，应遵循一定的流程和步骤：

首先组装机箱内部硬件，拆卸机箱，将电源安装在机箱中；将主板安装在机箱的主板位置上，将电源的供电线插在主板上；在主板的CPU插座上插入CPU，并且安装散热片和散热风扇。将内存插入主板的内存插槽中；将显卡安装在主板的显卡插槽上；将声卡和网卡插入PCI插槽中。在机箱中安装硬盘、光驱，并将数据线插在主板相应的接口上。

其次，连接机箱内部连线，连接驱动器的电源和数据传输线，即硬盘、光驱和电源等的连线。进行机箱与主板间的连接，连接主板上的其他连线。

最后，连接电脑外设，在主机上将显示器、鼠标、键盘、音箱以及其他的外部设备等连接起来。

10.4　组装电脑内部硬件

电脑的内部硬件主要包括如图10-2所示的硬件安装。下面将对电脑内部硬件的安装方法分别进行讲解。

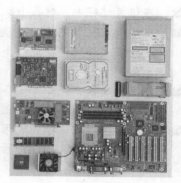

图10-2　安装的配件

10.4.1　拆卸机箱安装电源

打开机箱的侧面板，其方法是拧下机箱后面的固定螺丝，然后用手扣住机箱侧面板的凹处往外拉就可以打开机箱的侧面板。

在安装电源之前，首先应对前面讲解过的电源主要插头的知识巩固一下。

- 电源的IDE转S-ATA插头、IDE接口端与电源之间连接、S-ATA接口端则连接硬盘接口，如图10-3所示。
- 主板电源供电插头和辅助供电插头，两个接口都用于连接主板，如图10-4所示。

🔊 提示：

全新的机箱要在其中安装硬件时，需要将其侧面盖拆卸，在安装电源时，可用螺丝刀、尖嘴钳等工具，使安装过程更容易。

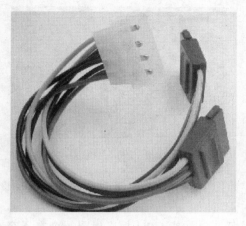

图 10-3　IDE 转 S-ATA 插头

图 10-4　主板电源供电插头

　　安装电源的操作方法为：将电源放在机箱的电源固定架上，如图 10-5 所示。将电源后面的螺丝孔和机箱上的螺丝孔一一对应，然后拧上螺丝，如图 10-6 所示。

图 10-5　固定电源

图 10-6　安装电源螺丝

10.4.2　安装主板

　　电源安装好后，即可进行主板的安装操作。下面将对主板的安装进行讲解。

　　【例 10-1】　在机箱的底板上安装主板。

　　（1）将机箱卧倒放在地板上，然后把主板放在机箱的底板上，主板与底板平行放置，注意一定要放平，如图 10-7 所示。并注意让主板的键盘口、鼠标口、串并口和 USB 接口与机箱背面挡片的孔对齐。

　　（2）将主板后面的接口和机箱背面挡片的孔对齐后，主板上的螺丝孔和机箱上的螺丝孔也应该对齐，然后依次安装每个螺丝并拧紧，如图 10-8 所示。

📢提示：

在安装主板时，应注意在安装过程中将主板上的插孔与机箱中的结构一一对应，才能顺利地进行安装，以防止对主板的损坏。

图 10-7　安装主板

图 10-8　固定主板螺丝

（3）将电源插头插在主板的电源插座上，如图 10-9 所示。注意该插头有防插反设计，如果插头反了是不能插入的，所以不能用蛮力。

（4）另外还有一个辅助供电电源插头，该插头应插在 CPU 插座周围一个有 4 个小孔的插座上。注意方向反了是不能插进去的，如图 10-10 所示。

图 10-9　插入主板供电电源

图 10-10　插入辅助供电插头

10.4.3　安装 CPU

CPU 插入时应注意 CPU 和插座的防插反缺口相对应。下面将介绍 CPU 的安装方法。

【例 10-2】　安装好主板后，在主板的 CPU 插座上安装 CPU。

（1）拉起 CPU 插槽上的固定拉杆，如图 10-11 所示。然后将 CPU 底部针脚对准 CPU 插槽，注意 CPU 的一角有一个缺口，与 CPU 插槽上的缺口相对应，如图 10-12 所示。

图 10-11　拉起固定拉杆

图 10-12　CPU 对准插槽

（2）插入 CPU，注意不要太用力，只需对准就很容易将 CPU 插入 CPU 插槽，如果安

装不上，可重新将 CPU 对齐插槽再进行安装操作，防止将 CPU 损坏。如图 10-13 所示，
插入 CPU 后放下固定拉杆，将 CPU 固定在主板上，如图 10-14 所示。

 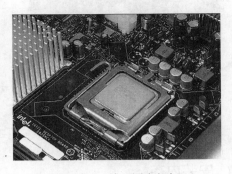

　　　　图 10-13　插入 CPU　　　　　　　　　　　图 10-14　放下固定拉杆

◁提示：

　　如果安装以后固定拉杆难以下拉，就需要反复推动拉杆，直到拉杆能正常下拉到标准卡口位置后，
才能完成 CPU 的安装，安装的时候切忌太用力。

　　（3）在安装 CPU 风扇之前往 CPU 上涂点散热硅脂可提高散热能力，只需在 CPU 中
央部分挤少量硅脂，然后用手轻轻向四周顺时针涂抹到整个 CPU 表面的 80% 即可。注意只
要一点点硅脂就可以了，一定要让散热片和 CPU 核心充分接触。

　　（4）先将 CPU 风扇安装在散热片上，然后将风扇两侧的压力调节杆搬起，将风扇垂
直轻放在 4 个风扇支架上，并用两手扶中间支点轻压风扇的四周，使其与支架慢慢扣合，
如图 10-15 所示，在听到四周边角扣都发出扣合的声音后即可。

　　（5）将风扇两侧的双向压力调节杆向下压至底部扣紧风扇，保证散热片与 CPU 紧密
接触，如图 10-16 所示，安装好的 CPU 风扇如图 10-17 所示。

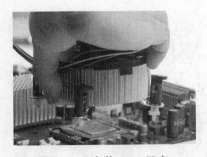 

　　　　图 10-15　安装 CPU 风扇　　　　　　　　　图 10-16　固定 CPU 风扇

◁提示：

　　安装时一定注意不要使散热片倾斜，不要压得太紧，因为这两种操作都有可能对 CPU 核心造成伤害。

　　（6）安装风扇后，将风扇电源线插在主板的 CPU 风扇旁边的供电插座上，如图 10-18
所示，完成 CPU 的安装。

图 10-17　安装好的 CPU 风扇　　　　　图 10-18　连接 CPU 风扇电源

10.4.4　安装内存

安装不同种类内存的方法基本相同，在安装内存时一定要注意其金手指缺口和主板内存插槽口的位置相对应，如果内存反插是不能插进去的。图 10-19 所示为内存条。

【例 10-3】　将两根内存条安装在主板的内存插槽中。

（1）首先掰开内存插槽两边的两个灰白色的固定卡子，如图 10-20 所示。

图 10-19　要安装的内存　　　　　图 10-20　掰开内存插槽上的卡子

（2）两只手捏住内存的两端，将内存的凹口对准 DIMM 插槽凸起的部分，均匀用力将内存条压入主板插槽内，当插槽两边的固定卡子卡住内存条时会听到"咔"的一声，表明内存条已经完全安装到位了，如图 10-21 所示。

（3）用相同的方法安装第 2 根内存，如图 10-22 所示。

图 10-21　插入内存　　　　　图 10-22　插入第 2 根内存

10.4.5　安装显卡

本次安装的显卡如图 10-23 所示，该显卡是 AGP 接口的，因此该显卡应插入主板的 AGP 插槽中（如图 10-24 所示）。

图 10-23　显卡

——AGP 插槽

图 10-24　AGP 插槽

【例 10-4】　在主板上安装显卡后，将其用螺丝钉固定。

（1）安装 AGP 显卡前需要先将机箱后排 AGP 插槽后面的挡板取下。

（2）将显卡插入主板的 AGP 插槽中，如图 10-25 所示。

（3）显卡插入插槽后，用螺丝固定显卡，如图 10-26 所示。

图 10-25　插入显卡

图 10-26　固定显卡

10.4.6　安装网卡

安装网卡的操作和显卡相似，不过网卡要安装在 PCI 插槽中。将网卡插入主板的 PCI 插槽内，并拧紧螺丝，如图 10-27 所示。

图 10-27　安装网卡

151

📢提示：

电脑声卡的安装与网卡的安装方法相似，同样安装在 PCI 插槽中即可。

10.4.7　安装光驱

如图 10-28 所示为一光驱，下面将对光驱的安装方法进行讲解。

【例 10-5】　将光驱安装在机箱的支架上。

（1）首先从机箱的顶部取下一块塑料挡板，以便安装光驱，将光驱放在光盘驱动架中，如图 10-29 所示。

图 10-28　光驱　　　　　　　　　　　　　　图 10-29　放入光驱

（2）在机箱中，光驱的两侧用两颗螺丝初步固定，先不要拧紧，对光驱的位置进行调整后，再把螺丝拧紧，如图 10-30 所示。

（3）安装好的光驱如图 10-31 所示。

图 10-30　安装光驱　　　　　　　　　　　　图 10-31　安装好的光驱

10.4.8　安装硬盘

下面将讲解硬盘的安装方法。

【例 10-6】　将硬盘固定在机箱的支架上，安装过程中注意轻拿轻放。

（1）安装硬盘前先将硬盘从机箱的内部放入硬盘固定架，如图 10-32 所示。然后将硬盘的 4 个螺丝孔和机箱上的相应位置一一对应，如图 10-33 所示。

图 10-32 装入硬盘

图 10-33 对齐螺丝孔

（2）当螺丝孔对齐后用固定光驱的方法固定硬盘，如图 10-34 所示。

（3）安装好的硬盘如图 10-35 所示。

图 10-34 固定硬盘

图 10-35 安装好的硬盘

10.5 连接机箱内部连线

　　正确连接机箱内部连线是确保电脑能正常工作的基础，机箱的内部连线包括驱动器连线以及一些其他连线。图 10-36 所示为机箱内部连线的全貌。下面将分别对机箱内部连线进行讲解。

图 10-36 机箱内部连线

10.5.1 连接驱动器的电源和数据传输线

首先应认识驱动器的接口和连线。图 10-37 所示为光驱的主要接口和连线。图 10-38 所示为硬盘的主要接口和连线。

图 10-37　光驱主要接口和连线

图 10-38　硬盘主要接口和连线

【例 10-7】　连接各驱动器的电源和数据传输线。

（1）连接 IDE 线时要注意其防插反设计，如果 IDE 线插反了是不能插进去的，若觉得插不进去时应该换个方向再试。这里光驱都设为第一主盘，接在 IDE 线的两头。连接主板和光驱的 IDE 连线如图 10-39 所示。

图 10-39　连接主板和光驱的 IDE 连线

（2）连接主板和硬盘的 IDE 连线，如图 10-40 所示。

图 10-40　连接主板和硬盘的数据线

注意硬盘和光驱的 IDE 连线有所区别，一般排列较紧密的是硬盘的 IDE 线，排列较稀疏的是光驱的 IDE 线，目前市场上的硬盘主要为 S-ATA 接口。

（3）连接光驱电源线，如图 10-41 所示，注意光驱电源线插头有防插反设计，如果反了是插不进去的。将电源线连接到硬盘上，注意硬盘电源线插头也有防插反设计，如图 10-42 所示。

图 10-41　连接光驱电源线

图 10-42　连接硬盘电源线

安装声卡的方法和安装网卡的方法相同，只是安装声卡后，需要用音频线将光驱和声卡连接起来。

10.5.2　连接主板上的其他连线

在机箱内还有用于连接主板的一些跳线，如 POWER LED、SPEAKER、POWER SW、H.D.D LED、RESET SW 和 USB 线，下面将对这些连线进行讲解。

在机箱面板内还有许多连线，用于连接主板上的开关、指示灯和 PC 喇叭等，如图 10-43 所示。需要将这些线插到如图 10-44 所示的主板插针上。

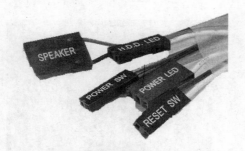

图 10-43　连线插头

图 10-44　主板上的插针

1. 连接 POWER LED 和 SPEAKER 线

将连接插头中标有 POWER LED 字样的接头找出来，将该接头插在主板上标记 POWER LED 的插针上，如图 10-45 所示。

将连接插头中标有 SPEAKER 字样的接头找出来，将该接头插在主板上标记 SPEAKER 的插针上，如图 10-46 所示。

图 10-45　连接 POWER LED

图 10-46　连接 SPEAKER

提示：

连接好 POWER LED 后，当电脑启动时，电源指示灯就会亮着，表示电源已经打开了；连接好
SPEAKER 可使 PC 喇叭发出主板的报警声。

2．连接 POWER SW 和 H.D.D LED 线

从面板引入机箱中的连接插头中找到标有 POWER SW 字样的接头，这便是电源开关
的连线了。在主板信号插针中找到标有 POWER SW 字样的插针，如图 10-47 所示，将接头
插在主板上的插针中即可。

提示：

主机上的电源开关，通常在按下时将给电脑主机加电，还可以在 CMOS 设置里面设置必须按电源开
关 4s 以上才能关机。

在连接插头中找到标有 H.D.D LED 字样的接头，将这个接头插在主板上标记 H.D.D
字样的插针上，如图 10-48 所示。接好后，当电脑在读写硬盘时，机箱上的硬盘指示灯会
闪亮。

图 10-47　连接 POWER SW

图 10-48　连接 H.D.D LED

3．连接 RESET SW 和 USB 线

在连接插头中找到标有 RESET SW 字样的接头，将它接到主板的 RST 插针上，如
图 10-49 所示。主板上 Reset 针的作用是当它们短路时，电脑就会重新启动。

现在的主板都有前置的 USB 接口，不过前置的 USB 接口需要在机箱内部连线后才能使用。将这些连线连接到主板上的 USB 插针处，如图 10-50 所示。

图 10-49　连接 RESET SW

图 10-50　内部 USB 连线连接到主板上

4．整理内部连线

当机箱内部设备安装好后，各种各样的线混在一起显得很凌乱，并且不方便维护，因此需要整理一下机箱内部连线。

【例 10-8】　将电脑中混乱的连线进行整理。

（1）面板信号线数量较多，平时都是乱作一团，整理时先将这些线理顺，然后折几个弯，再找一根可以折叠的线将它们捆绑起来。

（2）电源有多余设备电源线，可将暂时不用的电源线也用一根可以折叠的线捆绑起来。

（3）CD 音频线是传送音频信号的，所以最好不要将它与电源线捆在一起，避免产生干扰，最好是单独固定在某个地方，而且尽量避免靠近电源线。

（4）将 IDE 线理顺后折叠放置在机箱中。

经过整理后，机箱内部整洁了很多，这样做不仅有利于散热，而且也方便日后添加或拆卸硬件的维护工作。

10.5.3　安装机箱侧面板

装机箱侧面板时，要仔细检查各部分的连接情况，最好先加电试一下，确保无误后，再把机箱的两个侧面板装上，固定好螺丝，如图 10-51 所示。安装好的主机如图 10-52 所示。

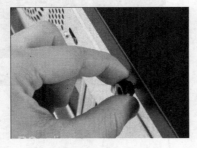

图 10-51　安装机箱的侧面板

图 10-52　安装成功的主机

10.6　连接电脑外设

主机安装完成以后，还需把键盘、鼠标、显示器和音箱等外设同主机连接起来，一些设备的连接前面已讲解过，这里只进行简单讲解。

【例10-9】　连接电脑外设，包括键盘、鼠标、显示器和音箱等。

（1）将键盘插头插入主机的绿色PS/2插孔中，如图10-53所示。

（2）将鼠标插头插入主机的紫色PS/2插孔中，如图10-54所示。

图10-53　连接键盘

图10-54　连接鼠标

🔊提示：

> 除PS/2接口外，还有USB接口的键盘和鼠标，其连接方法与其他USB设备的连接相同。

（3）接下来连接显示器的信号线和电源线。注意在连接显示器的信号线时不要用力过猛，以免弄坏插头中的针脚，只要将信号线插头轻轻插入显卡的插座中，然后拧紧插头上的两颗固定螺栓即可，如图10-55所示。

（4）连接显示器的电源线，如图10-56所示，连接显示器上的信号线如图10-57所示。

图10-55　连接显卡的信号线

图10-56　连接显示器电源线

🔊提示：

> 连接显示器电源时，有的将显示器的电源线连到主机上，有的则直接连到电源插座上。

（5）将网线插入网卡的 RJ-45 插孔中，如图 10-58 所示。

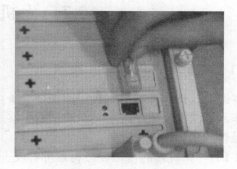

图 10-57　连接显示器的信号线　　　　　　　图 10-58　插入网线

（6）在音箱的背面找到 RCA 接口，将音频线一端与之相连，注意接口所对应的颜色，将音频线的另一端连接到机箱上的音频接口，如图 10-59 所示的绿色接口。

（7）将音箱插上电源，即可完成音箱连接，然后连接主机的电源线，如图 10-60 所示。

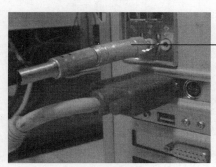

图 10-59　连接音箱　　　　　　　　图 10-60　连接主机电源

（8）所有设备都已经安装好后，如图 10-61 所示为机箱的背面连线，根据情况也可将这些连线用线匝整理一下，使其更美观、利于查看。

（9）按下主机上的电源按钮正常启动电脑后，可以听到 CPU 风扇和电源风扇转动的声音，还有启动时发出"滴"的一声，显示器开始出现自检画面。图 10-62 所示为安装好的整台电脑。

图 10-61　安装好的主机的背部连线　　　　图 10-62　安装好的整机

10.7 上机及项目实训

10.7.1 电脑硬件的拆卸和还原

本例通过拆卸并安装主机中的硬件设备，可以使读者熟练掌握主机中设备的拆卸和还原操作，更深刻地认识电脑硬件的安装和拆卸方法，下面将对其进行讲解。

操作步骤如下：

（1）打开机箱的侧面板，拆卸所有板卡，包括 PCI 扩展卡和显卡。

（2）拔下光驱和硬盘的数据线和电源线，并取出光驱和硬盘，然后依次取下内存条、CPU 风扇、CPU、各种信号线和主板。图 10-63 所示为拆卸后的电脑硬件图。

（3）安装 CPU、CPU 风扇和内存条到主板上，安装主板、PCI 扩展卡和显卡。

（4）连接光驱和硬盘的数据线，并连接电源线，连接信号线并安装机箱侧面板。图 10-64 所示为组装好的电脑主机。

图 10-63　拆卸后的硬件

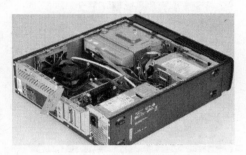
图 10-64　组装好的机箱

📢提示：

> 如果是初次进行电脑硬件的拆卸时，建议不要对主板和信号线进行拆卸操作，等熟悉各连线的位置时再对其进行操作。

10.7.2 电脑外设的拆卸和连接

本例将进行电脑外设包括鼠标、键盘、显示器、音箱和主机电源线等的拆卸和连接，通过操作熟悉各个设备的连接，为电脑的搬迁和组装提供方便。

主要操作步骤如下：

（1）断开主机及外部设备的所有电源连接，断开显示器电源线、数据线连接和主机的电源线连接，把鼠标、键盘和音箱的连接线从接口拔出。

（2）依次还原电源线和所有外部设备的连接。

📢提示：

> 在连接与拆卸电脑外部设备时，一切操作应遵守小心、谨慎的原则，并做到轻拿轻放，其拆卸或安装没有固定的顺序。

10.8 练习与提高

（1）熟悉电脑机箱内部硬件的安装流程，根据自己的理解写出安装顺序。

（2）整理机箱内部的连线，利于机箱的散热，简述其整理步骤。

 **电脑硬件组装注意事项**

本章主要讲解电脑硬件的组装，在操作过程中应注意以下几点。

- 在安装硬件时要注意主板上多余插槽的作用。
- 在安装 CPU 时应小心谨慎，CPU 很"脆弱"，防止对其造成破坏而导致不必要的损失。
- 市场上的硬件更新换代的速度很快，但其安装方法大同小异，经常了解主流硬件的信息，有助于提高组装电脑的效率。
- 通过洗手或触摸接地金属物体的方式释放身上的静电，防止静电对电脑硬件的损坏。在装机时，因在组装电脑的过程中，由于手和各部件不断地摩擦，会产生静电，因此应多次释放静电。
- 在安装硬盘时要注意轻拿轻放，它很容易被损坏。
- 插板卡时一定要对准插槽均衡向下用力，并且要插紧；拔卡时不能左右晃动，要均衡用力地垂直插拔，防止损坏板卡。
- 安装主板、显卡和声卡等硬件时应安装平稳，并且要将其固定牢靠。安装主板时，应尽量安装绝缘垫片。

第 11 章　BIOS 与硬盘设置

学习目标

- ☑ 认识 BIOS 并了解其界面组成
- ☑ 了解 BIOS 的设置项和设置方法
- ☑ 对硬盘进行分区并了解分区类型
- ☑ 硬盘的格式化操作

目标任务&项目案例

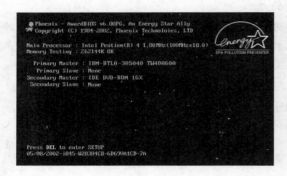

系统自检界面

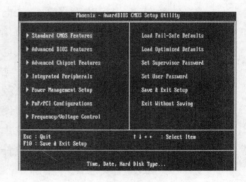

BIOS 设置界面

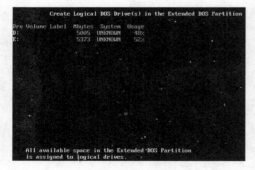

硬盘分区

硬盘格式化

　　BIOS 是电脑的基本程序，负责在开机时对系统设备进行检测并对系统进行初始化引导。将硬盘进行分区是为了方便对文件数据进行管理。本章主要讲解 BIOS 的基础知识，以及 BIOS 的基本设置和硬盘分区及格式化的基本知识，为学习安装操作系统打下基础。

11.1　BIOS 简介

组装好电脑后，主板内的 BIOS 默认值可能并不适合电脑中的所有部件，如需要重新设置驱动器的启动顺序、显卡的搜寻顺序等选项，或者电脑中安装了新设备而 BIOS 无法正确设置其参数，CMOS 中保存的数据意外丢失或遭病毒破坏等，都有必要在开机时对主板的 BIOS 进行设置。下面对 BIOS 的基本知识进行介绍。

11.1.1　BIOS 概述

BIOS（Basic Input/Output System）是基本输入/输出系统的简写，它实际上是被固化到电脑中的一组程序，为电脑提供最低级的、最直接的硬件控制，负责解决硬件的即时需求，是联系底层的硬件系统和软件系统的基本桥梁。

CMOS（Complementary Metal-Oxide Semiconductor）是电脑主板上的一种重要芯片，其中存储了系统开机自检过程中需要的硬件相关信息和用户设置的参数。

1．BIOS 的结构

BIOS 的内容被保存在一块可读写的 CMOS RAM 芯片中，如图 11-1 所示。当关闭电脑后，将通过一块后备电池向 CMOS 供电，以确保 BIOS 中的信息不会丢失。

CMOS 电池

CMOS

图 11-1　BIOS

BIOS 与 CMOS 并不是相同的概念，BIOS 是保存在主板上 EPROM 或 EEPROM 芯片中的一组电脑程序，用于对硬件进行设置。BIOS 包括系统的重要例程以及设置系统参数的设置程序（BIOS Setup）。CMOS 则是电脑主板上的一块可读写的 RAM 芯片，用来保存当前系统的硬件配置和用户对某些参数的设定。CMOS 可由主板的 CMOS 电池供电，即使系统断电，信息也不会丢失。

由此可以看出，BIOS 与 CMOS 有联系但并不相同，BIOS 是只读存储器，其中保存的 BIOS Setup 程序可以对系统硬件的参数进行设置，而 CMOS 是可读写存储器，用于保存 BIOS Setup 程序设置的数据。

2．BIOS 的类型

主板 BIOS 主要有 Award BIOS、Phoenix BIOS、AMI BIOS 和 Phoenix-Award BIOS 等几种，下面分别对其进行介绍。

➥　**Award BIOS**：是由 Award Software 公司开发的 BIOS 产品，如图 11-2 所示，其

功能较为齐全，支持许多新硬件，对各种操作系统都能够提供良好的支持，目前市面上大多数主板都采用了这种BIOS。

➥ **Phoenix BIOS**：是Phoenix公司的产品，多用在高档的原装品牌机和笔记本电脑上，其画面简洁，便于操作，如图11-3所示。

➥ **AMI BIOS**：早期的AMI BIOS对各种软、硬件的适应性都很好，能保证系统性能的稳定，现在的AMI也有非常不错的表现，新推出的版本功能依然强劲，如图11-4所示为AMI BIOS芯片。

图11-2　Award BIOS

图11-3　Phoenix BIOS

图11-4　AMI BIOS

➥ **Phoenix-Award BIOS**：Phoenix与Award联合开发的Phoenix-Award BIOS，其功能和界面与Award BIOS基本相同，只是标识的名称代表了两家生产厂家，因此可以将Phoenix-Award BIOS当作是新版本的Award BIOS。

11.1.2　BIOS的主要作用

BIOS在电脑中起到了无可替代的作用。下面将对BIOS的具体功能和作用进行讲解。

1. 自检及初始化

开机后BIOS最先被启动，然后它会对电脑的硬件设备进行完全彻底的检验和测试，如图11-5所示。

图11-5　系统自检

测试完成后将硬件设置为备用状态，并启动操作系统。自检项目包括以下几个方面。

➥ 对CPU、系统主板、基本的640KB内存、1MB以上的扩展内存、系统ROM BIOS的测试。

➥ CMOS中系统配置的校验。

> 初始化视频控制器、测试视频内存、检验视频信号和同步信号，对 CRT 接口进行测试。
> 对键盘、软驱、硬盘及 CD-ROM 子系统作检查。
> 对并行口（打印机）、串行口（RS232）进行检查。

自检中如果发现有错误，将按以下两种情况进行处理。

> 对于严重故障（致命性故障）则停机，此时由于各种初始化操作还没完成，不能给出任何提示或信号。
> 对于非严重故障则给出提示或声音报警信号，等待用户处理。

2．设定中断

BIOS 中断调用即 BIOS 中断服务程序，是电脑系统软、硬件之间的一个可编程接口，用于程序软件功能与电脑硬件实现的衔接。开机时，BIOS 会告诉 CPU 各种硬件设备的中断号，当用户发出使用某个设备的指令后，CPU 就根据中断号使用相应的硬件完成工作，再根据中断号跳回原来的工作。DOS/Windows 操作系统对硬盘、光驱、键盘和显示器等外部设备的管理即建立在系统 BIOS 的基础上。程序员也可以通过对 INT 5、INT 13 等中断的访问直接调用 BIOS 的中断例程。

3．程序服务

程序服务处理程序主要是为应用程序和操作系统服务，为了完成这些操作，BIOS 必须直接与电脑的 I/O（输入/输出）设备进行交流，通过特定的数据端口发出指令，传送或接收各种外部设备的数据，实现软件程序对硬件的直接操作。

11.2　BIOS 设置

由于 BIOS 的默认设置是针对最普遍的设备，所以它并不适用于每台电脑，若想优化 BIOS，也必须对 BIOS 进行设置。因此在首次组装完硬件后应对 BIOS 进行设置。下面将以 Phoenix-Award BIOS 为例对 BIOS 设置程序进行讲解。

11.2.1　进入、保存和退出 BIOS

在进行 BIOS 设置前，首先要了解如何进入和退出 BIOS，这样才能为 BIOS 的设置做好准备，下面将对进入和退出 BIOS 分别进行讲解。

1．进入 BIOS

不同主板进入 BIOS 的方法有所不同，大部分的主板都是按 Delete 键进入 BIOS 设置，在自检界面中将提示进入的按键，按下后即可进入 BIOS，如图 11-6 所示。进入后的主界面如图 11-7 所示。

◀))提示：

> 除了按 Delete 键外，部分主板可通过按 Ctrl＋Alt＋Esc 键、F10 键（或其他功能键）进入 BIOS 设置。

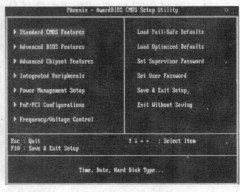

图 11-6　进入 BIOS 的按键提示　　　　　图 11-7　BIOS 主界面

2．退出 BIOS

在界面中选择 Save & Exit Setup 选项表示保存修改的设置然后退出 BIOS，如图 11-8 所示。选择 Exit Without Setup 选项表示不保存修改的设置然后退出 BIOS，如图 11-9 所示。

图 11-8　Save & Exit Setup　　　　　图 11-9　Exit Without Setup

提示：

不同类型和不同版本的 BIOS 都具有这几个选项，其中读取最优化和默认设置是厂商根据主板的具体情况而设置的。

11.2.2　设置 BIOS 主界面

BIOS 在开启电脑的一瞬间就开始工作。BIOS 首先从 CMOS 中读取上次保留的设置信息，接着展开检查并配置系统的过程。可在开机出现的提示后按 Delete 键进入 BIOS 设置，BIOS 设置主界面如图 11-10 所示。各选项的含义如下。

提示：

由于 BIOS 设置程序都是英文显示，因此用户可参照主板相关的中文说明书来进行设置。

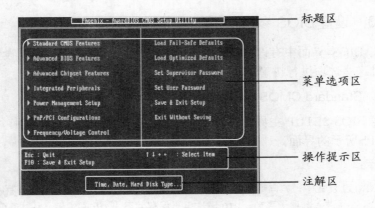

图 11-10　BIOS 设置主画面

1．标题区

位于界面的最上方，用来显示 BIOS 的基本信息，即主板类和进入 BIOS 设置界面的提示。

2．菜单选项区

主要包含了 BIOS 的菜单设置选项，在其中可对 BIOS 参数进行设置。下面将对选项的含义进行讲解。

- ❧ Standard CMOS Features：标准 CMOS 设定。
- ❧ Advanced BIOS Features：高级 BIOS 设置。
- ❧ Advanced Chipset Features：高级芯片组设置。
- ❧ Integrated Peripherals：外部设备设定。
- ❧ Power Management Features：电源管理设置。
- ❧ PNP/PCI Configurations：即插即用与 PCI 设置。
- ❧ PC Health Status：PC 健康状况。
- ❧ Frequency/Voltage Control：频率/电压控制。
- ❧ Load Fail-Safe Defaults：载入 BIOS 安全预设值。
- ❧ Load Optimized Defaults：载入 BIOS 出厂预设值。
- ❧ Set Supervisor Password：管理员口令设置。
- ❧ Set User Password：普通用户口令设置。
- ❧ Save & Exit Setup：存储并退出 BIOS。
- ❧ Exit Without Saving：退出 BIOS 但不保存。

3．操作提示区

当移动光标到某选项时，在其中将显示该选项可进行的操作，提示用户应使用的键位及其功能。

4．注解区

显示光标所在选项表示的基本含义，方便用户操作。

167

11.2.3　设置 BIOS 参数

在 BIOS 界面中有许多选项，选择任意一个选项进入，即可设置相应的参数。下面将分别对这些选项进行讲解。

1．Standard CMOS Features（标准 CMOS 设定）

在 BIOS SETUP 主界面中选择 Standard CMOS Features 选项，按 Enter 键即可进入如图 11-11 所示的界面。

📢**提示：**

> 在 BIOS 设置中，方向键用于在各设置选项间切换和移动；Enter 键用于确认执行和显示选项的所有设置值并进入选项子菜单；F10 键：用于保存并退出 BIOS 设置；Esc 键可回到上一级设置界面或主界面，或从主界面中结束设置程序，按此键也可不保存设置直接要求退出 BIOS 程序。

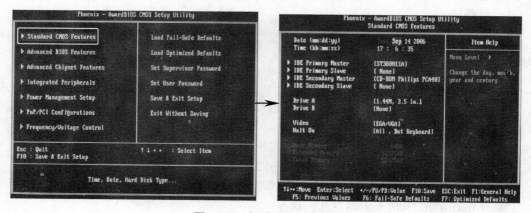

图 11-11　标准 CMOS 设定

2．Advanced BIOS Features（高级 BIOS 设置）

在 BIOS SETUP 主界面中选择 Advanced BIOS Features 选项，按 Enter 键即可进入如图 11-12 所示的界面。其中主要包括对磁盘引导顺序等方面的设置。

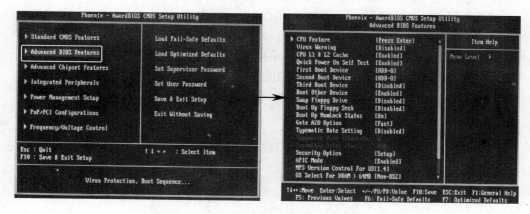

图 11-12　高级 BIOS 设置

其中主要参数的具体含义如下。

- 🦥 **Virus Warning**：默认值为 Disable，可将其设置为 Enable，在系统遇到紧急状况时将报警。
- 🦥 **CPU L1&L2 Cache**：启用 CPU L1 和 L2，默认为 Enable。
- 🦥 **Quick Power On Self Test**：默认值为 Enabled，可加速系统开机自测过程，跳过一些项目的测试，使引导过程加快。
- 🦥 **Boot Up NumLock Status**：默认值为 On，此时系统启动后小键盘默认为数字状态；设为 Off 时，系统启动后小键盘的默认状态为光标状态。
- 🦥 **Swap Floppy Device**：默认设定为 Disabled。此时 BIOS 将连接到软驱连线扭接端子上的软盘驱动器作为 A 盘。当设置为 Enabled 时，BIOS 将连接到软驱连线对接端子上的软盘驱动器作为 A 盘，即 A 盘与 B 盘调换。

📢**提示：**

由于在安装操作系统时会对主引导扇区进行写操作，所以在安装操作系统前应关闭 BIOS 防毒功能，安装完毕后再开启 BIOS 防毒功能。

【**例 11-1**】　在 BIOS 设置项中将光驱设为第一启动设备。

（1）在 BIOS SETUP 主界面中选择 Advanced BIOS Features 选项，按 Enter 键进入 Advanced BIOS Features 界面，如图 11-13 所示。

（2）在打开的设置界面中，选择 First Boot Device 选项并按 Enter 键，在打开的提示框中选择 CDROM 选项，然后按 Enter 键，如图 11-14 所示。

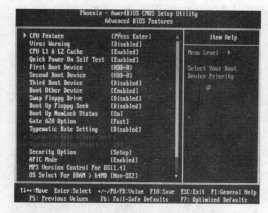

图 11-13　Boot Device Select 界面

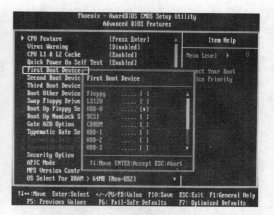

图 11-14　设置对话框

📢**提示：**

一般在安装操作系统时都要求从光驱启动，所以要设置第一启动设备为光驱，同时为了避免用光驱启动失败而无法启动电脑，所以要将第二启动设备设置为硬盘。当操作系统安装完成后，为了加快启动电脑的速度可以将光驱设置为第三启动设备。

3. Advanced Chipset Features（高级芯片组设置）

在 BIOS SETUP 主界面中选择 Advanced Chipset Features 选项，如图 11-15 所示，按

Enter 键即可进入如图 11-16 所示的界面，可查看其中参数的设置，具体含义如下。

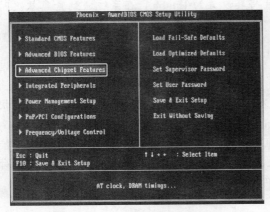

图 11-15　高级芯片组设置　　　　　　　　图 11-16　Advanced Chipset Features 界面

- DRAM Timing Selecable：内存中的时间信息保存在 SPD 中。
- Memory Hole At 15M-16M：内存中缓存范围。
- System BIOS Cacheable：系统 BIOS 缓冲。
- Video BIOS Cacheable：视频 BIOS 缓冲。

4．Integrated Peripherals（外部设备设定）

在 BIOS SETUP 主界面中选择 Integrated Peripherals 选项，按 Enter 键即可进入如图 11-17 所示的界面，从中可设置 USB 接口、集成声卡以及 Modem 等设备的属性，如图 11-18 所示。部分参数的含义如下。

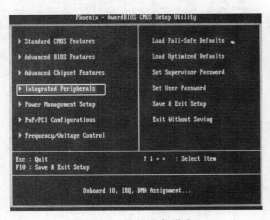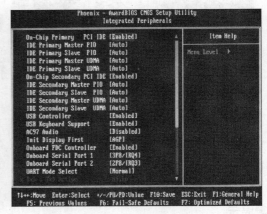

图 11-17　外部设备设定　　　　　　　　　图 11-18　设置选项

- USB Controller：设置是否开启 USB 控制器，默认值为 Enabled（开启）。
- USB Keyboard Support：USB 键盘支持。
- Onboard FDC Controller：设置主板上的 FDC 控制是否开启。

5. Power Management Features（电源管理设置）

在 BIOS SETUP 主界面中选择 Power Management Features 选项，如图 11-19 所示，按 Enter 键即可进入如图 11-20 所示的界面，它主要用来控制主机和显示器的省电模式、电源的工作状态等参数。部分参数的含义如下。

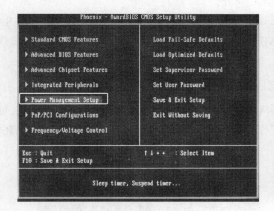

图 11-19　电源管理设置　　　　　　图 11-20　电源参数设置

- ➡ ACPI Function：设置是否启用 IPCA 高级电源管理，默认为 Enable（启用）。
- ➡ Power Management：设置省电方式，默认值为 User Define，即开启省电模式。
- ➡ Suspend Mode：设置主机进入挂起模式的等待时间，默认值为 Disabled，即关闭该模式。
- ➡ Restore By Alone：设置来电后重新启动。

6. PNP/PCI Configurations（即插即用/PCI 设置）

在 BIOS SETUP 主界面中选择 PNP/PCI Configurations 选项，如图 11-21 所示，按 Enter 键即可进入如图 11-22 所示的界面，从中可设定 PCI 插槽的工作频率、分配 IRQ 号等。其参数的含义如下。

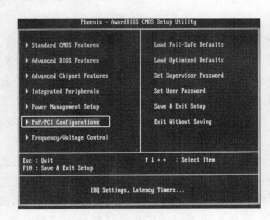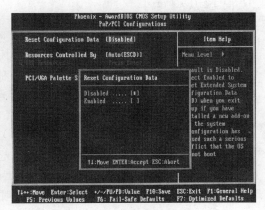

图 11-21　即插即用 PNP/PCI 设置　　　　　　图 11-22　设置选项

- Reset Configuration Data：强制更新 ESCD/重置配置数据，ESCD（扩展系统配置数据）是即插即用 BIOS 的一个功能，用于储存系统 IRQ、DMA、I/O 和内存的信息。通常这个选项被设为 Disable。

- Resources Controlled By：资源控制使用，通常情况下应设置为 Auto，让 BIOS 自动为即插即用设备配置 IRQ 和 DMA 资源。

- PCI/VGA Palett Snoop：该项用来设置 PCI /VGA 卡能否与 MPEG ISA/VESA VGA 卡一起用。当 PCI/VGA 卡与 MPEG ISA/VESA VGA 卡一起用时，该项应设为 Enable，否则，设为 Disable。

7. Frequency/Voltage Control（频率/电压控制）

在 BIOS SETUP 主界面中选择 Frequency/Voltage Control 选项，按 Enter 键即可进入如图 11-23 所示的界面，从中可调整 CPU 的工作电压和核心频率，以帮助 CPU 超频。部分参数的含义如下。

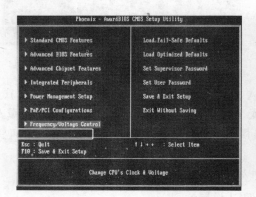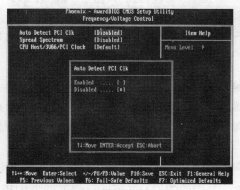

图 11-23　频率/电压控制

📢提示：

> CPU 厂家是不鼓励超频的，因为这样容易对 CPU 造成损坏，况且现在所有 CPU 都已锁了倍频，超频也只能从外频着手。

- Auto Detect PCI Clk：自动侦测 PCI 时钟频率，此项允许自动侦测安装的 PCI 插槽。当设置为 Enabled，系统将移除（关闭）PCI 插槽的时钟，以减少电磁干扰（EMI）。

- Spread Spectrum：扩展频谱是一种常用的无线通信技术。在没有遇到电磁干扰问题时，应将此类项目的值全部设为 Disabled，这样可以优化系统性能，提高系统稳定性；如果遇到电磁干扰问题，则应将该项设为 Enabled 以便减少电磁干扰，维持其稳定性。

- CPU Host /3V66/PCI Clock：此项允许用户选取 CPU 时钟频率的组合项。板上装置（例如：AGP 总线、南桥）运行 66MHz 的频率，和 PCI 时钟频率。默认设定 default 会自动检测 CPU/3V66/PCI 时钟频率，若所选设定不当而导致系统开机出现问题时，按住 Insert 键直至屏幕显示。此项列出系统 BIOS 所提供的所有组合项。

8．其他设置选项

在 BIOS 设置主界面中，还有其他一些设置选项，这些参数的含义如下。

- ➼ **Load Fail-Safe Defaults**：载入故障安全默认值，使用此菜单载入最安全的默认设置，不过不是最好的设置。
- ➼ **Load Optimized Defaults**：读取 BIOS 中保存的最优化设置，BIOS 中的参数将被替换成针对该主板的最佳方案。
- ➼ **Set Supervisor Password**：用来设置超级用户密码，在 BIOS 管理中具有最高权限。
- ➼ **Set User Password**：用来设置用户密码，当通过 BIOS 设置了开机密码时可用它来登录电脑，也可进入 BIOS，但不能修改其中的设置。
- ➼ **Load BIOS Setup Defaults**：读取 BIOS 中保存的默认设置，该设置是以牺牲一定性能为代价的，但能最大限度保证电脑中硬件的稳定性。
- ➼ **Save & Exit Setup**：将设定值储存后，退出设定主界面。
- ➼ **Exit Without Saving**：不储存设定值，直接退出设定主界面。

◁》提示：

不同类型和不同版本的 BIOS 都具有这几个选项，其中读取最优化和默认设置是厂商根据主板的具体情况而设置的。

11.2.4　应用举例——设置 BIOS 的日期和时间

在其中可设置最基本的时间和日期。下面将讲解时间和日期的操作。

操作步骤如下：

（1）启动电脑，在其进行自检时，按 Delete 键，进入 BIOS 设置主界面。如图 11-24 所示，选择 Standard CMOS Features 选项后按 Enter 键。

（2）在打开界面中的 Date 选项和 Time 选项中通过按 Page Up 和 Page Down 键即可设置系统的日期和时间，如图 11-25 所示。

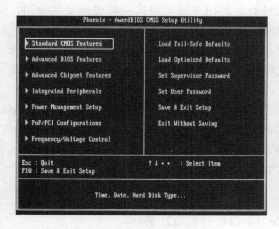

图 11-24　Standard CMOS Features

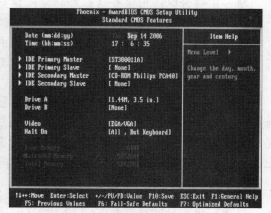

图 11-25　设置日期和时间

173

11.3 硬盘分区、格式化

随着硬盘制造技术的不断更新，硬盘的容量也越来越大。目前市场上的硬盘容量一般在几百 GB 甚至几 TB 不等，把硬盘作为唯一一个分区使用，对电脑性能的发挥相当不利，也会使文件的管理变得非常困难，因此，可以将硬盘进行分区以便于文件的管理。

11.3.1 硬盘分区概述

硬盘的分区是电脑在安装操作系统前的一个非常重要的操作。下面将对硬盘分区的类型、格式和分区软件等进行简单的介绍。

1. 分区类型

在进行分区之前，需要先了解分区类型，如图 11-26 所示为一个硬盘的分区情况，其主要由主分区、扩展分区和逻辑分区组成，下面分别对其进行讲解。

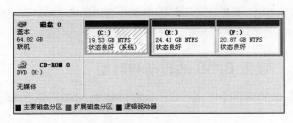

图 11-26　硬盘分区

- **主分区**：包含操作系统启动所必需的文件和数据的硬盘分区叫主分区，系统将从这个分区查找和调用启动操作系统所必须的文件和数据。一个操作系统必须有一个主分区，且只能有一个活动主分区。
- **扩展分区**：用主分区以外的空间建立的分区，但不像主分区一样能被直接使用，必须再创建可实际被操作系统直接识别的逻辑分区。
- **逻辑分区**：逻辑分区是从扩展分区中分配的，只要逻辑分区的文件格式与操作系统兼容，操作系统就可以访问它。逻辑分区的盘符默认从 D 盘开始（前提条件是硬盘上只存在 1 个主分区）。

主分区、扩展分区和逻辑分区是以 DOS 操作系统为基础建立的分区，它们都属于 DOS 分区。而以其他操作系统（如 Linux 等）为基础建立的分区（如 ext、swap 等分区格式）是非 DOS 分区。启动系统后，操作系统会对驱动器进行映像，为主分区和逻辑分区分配相应的盘符。主分区的盘符首先被分配，然后再对逻辑分区的盘符进行分配。

2. 分区格式

目前常见的分区格式有 FAT32 和 NTFS 等，下面将分别进行讲解。

- **FAT32**：是从 FAT 升级而来，采用 32 位的空间分配表，支持的分区容量更大，在分区容量小于 8GB 时每簇的容量为 4KB，大大减少了硬盘空间的浪费。除

Windows 95 和 Windows NT 操作系统外，其他更高版本的 Windows 操作系统都支持该分区格式。

➥ **NTFS**：是目前最新的一种分区格式，是 Windows NT/2000/XP/2003/7 系列操作系统独有的，在安全性、稳定性和可管理性上表现出色，并且占用的簇更小，支持的分区容量更大，还具有其他分区格式所不具备的一些功能（如不易产生文件碎片），目前 NTFS 的应用越来越广泛。

3．常用分区软件

对硬盘进行分区是使用分区软件来进行的。使用最广泛的分区软件有 Windows 操作系统自带的 Fdisk 分区软件、Partition Magic 等，这些分区软件各有优缺点，下面分别对其进行介绍。

➥ **Fdisk**：是 Microsoft 公司在 Windows 操作系统里捆绑的分区软件，使用 Fdisk 分区最为稳定，但是使用该软件对硬盘进行分区将会破坏硬盘上的所有数据。

➥ **Partition Magic**：是一款功能强大的分区管理软件，能够进行无损分区和动态分区调整，该软件在对分区进行调整时，可保证不损坏硬盘上的数据。

4．分区的原则

在对硬盘进行分区时，需遵守其分区的原则或注意事项，下面主要将对分区的原则进行介绍。

➥ **合理分区**：合理分区是指分区数量要合理，过多的分区数量，将降低系统启动及读写数据的速度，且不方便磁盘管理。

➥ **实用为主**：在分区时应根据需要来决定每个分区的容量大小，分别将各类数据存入相应分区，这样有助于数据的管理。

➥ **根据操作系统的特性分区**：不同的操作系统所支持的分区格式和占用的分区大小不同，因此，在对硬盘进行分区时，应先确定要安装的操作系统，再根据其特性进行分区。

11.3.2　硬盘分区

在硬盘中安装操作系统，常用 Fdisk 程序对硬盘进行分区和格式化。由于使用 Fdisk 程序对硬盘进行分区是完全在 DOS 操作系统下进行的，因此，其分区具有很好的稳定性。下面将对利用 Fdisk 程序对硬盘进行分区操作的方法进行讲解。

◁))提示：

> 将电脑启动到 DOS 状态下的方法很多，可以使用 Windows 98 启动光盘和 MaxDOS 等。

1．进入纯 DOS 状态

让电脑进入纯 DOS 状态可通过安装 MaxDOS 8 软件来实现。

【例 11-2】 使用 MaxDOS 8 软件进入纯 DOS 状态。

（1）启动电脑，当进入选择需启动的操作系统界面时按方向键选择 MaxDOS 8 选项，按 Enter 键进入其界面，如图 11-27 所示。

（2）按 Enter 键选择默认选项，在打开的界面中按 G 键进入纯 DOS 界面，如图 11-28 所示。

图 11-27　MaxDos 主界面　　　　　　　　图 11-28　启动纯 DOS

2．创建主分区

对硬盘进行分区首先应创建主分区，这里以使用命令的方式进行讲解。

【例 11-3】　进入 DOS 界面为硬盘创建主分区。

（1）启动电脑并进入 DOS 操作系统，此时系统会提示硬盘上没有分区，在 DOS 提示符下输入 fdisk 命令，如图 11-29 所示。

（2）按 Enter 键，进入如图 11-30 所示的界面，这时 Fdisk 会询问是否开启大容量硬盘支持，输入 Y 后按 Enter 键进入 fdisk 的主菜单。

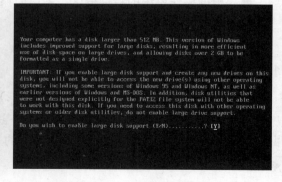

图 11-29　输入 fdisk　　　　　　　　图 11-30　开启大容量硬盘支持

（3）在如图 11-31 所示的选项菜单中，选择 1 后按 Enter 键进入创建分区菜单，如图 11-32 所示。

提示：

如果对创建的分区容量不满意，则可在 Fdisk 的主程序中选择删除分区选项将所划分的主分区删除，再重新创建即可。

图 11-31　Fdisk 主菜单

图 11-32　创建分区菜单

（4）选择 1 后按 Enter 键即可进行创建主分区操作，此时 Fdisk 会对硬盘进行扫描，在扫描结束后将出现如图 11-33 所示的界面，询问用户是否要创建一个包含所有磁盘空间的主分区，输入 N，再按 Enter 键。

（5）此时 Fdisk 会再次对硬盘进行扫描，在扫描结束后将会切换到输入主分区空间大小的屏幕，在 Create a Primary DOS Partition 文本框中输入分区的大小或百分比即可，如图 11-34 所示。

（6）输入完成后按 Enter 键确认，此时系统会将所分配的分区情况列出。

图 11-33　是否只创建一个主分区

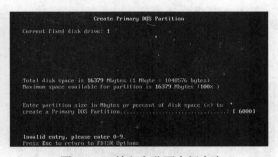

图 11-34　输入主分区空间大小

3．创建扩展分区

完成主分区的创建后，需进行扩展分区的创建。

【例 11-4】　创建硬盘的扩展分区。

（1）主分区创建完成后，按 Esc 键返回到主菜单，选择 1 后按 Enter 键进入创建分区菜单，再选择 2 后按 Enter 键进入创建扩展分区菜单。

（2）此时 Fdisk 会对剩余的未分配空间重新进行扫描，在扫描结束后将剩余的未分配空间列出，如图 11-35 所示。此时按 Enter 键即可将剩余空间划分为扩展分区。完成后将显示已创建的分区的情况，如图 11-36 所示。

提示：

在分配分区空间的大小时，输入的数据要与实际所需要的空间大小相符，以免造成空间的浪费。同时，还需准确地计算，如输入的空间大小超过了实际大小，那么在创建该分区时将失败。

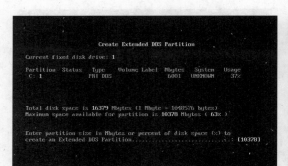 

图 11-35　创建扩展分区　　　　　　　　　图 11-36　扩展分区创建完成

4．创建逻辑分区

逻辑分区是电脑中必备的一种分区形式，其主要用途是为用户保护重要数据，下面将对创建逻辑分区的方法进行讲解。

【例 11-5】　在扩展分区中创建逻辑分区。

（1）按 Esc 键后，Fdisk 会重新对硬盘进行扫描，在扫描结束后切换到分配逻辑分区磁盘空间的界面中，在 Enter logical drive size in Mbytes or percent of disk space 文本框中输入第 1 个逻辑分区空间大小，如输入 5000，表示分配 5000MB 给 D 盘，如图 11-37 所示。

（2）输入完毕后按 Enter 键确认即可创建一个逻辑分区。

（3）使用相同的方法依次分配剩余空间，分配完成后如图 11-38 所示。

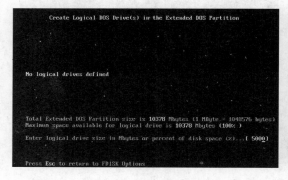 

图 11-37　分配第 1 个逻辑分区空间　　　　　图 11-38　已创建好的逻辑分区

5．激活分区

分区创建完成后，需对其进行激活才能进正常的使用。

【例 11-6】　将创建的分区进行激活。

（1）在 Fdisk 程序主界面上选择 2 后按 Enter 键，进入激活分区界面。

（2）选择需要激活的分区，在 Enter the number of the partition you want to make active（输入你要激活的分区的编号）文本框中输入 1，如图 11-39 所示，再按 Enter 键即可将 C 分区激活，如图 11-40 所示。再连续按两次 Esc 键即可退出 Fdisk。

图 11-39　输入要激活分区的编号

图 11-40　完成激活分区

11.3.3　PartitionMagic 对硬盘的分区格式化

硬盘进行格式化（高级格式化）后才能够被使用，如图 11-41 所示为格式化后的磁盘，硬盘的格式化分为低级格式化和高级格式化两种，具体表示的含义如下。

- ➥ **低级格式化**：低级格式化就是将空白的磁盘划分出柱面和磁道，再将磁道划分为若干个扇区，每个扇区又划分出标识部分 ID、间隔区 GAP 和数据区 DATA 等。
- ➥ **高级格式化**：高级格式化仅仅是重置硬盘分区表。

🔊 提示：

> 低级格式化在硬盘出厂之前就已经完成了，它是一种损耗性操作，对硬盘寿命有一定的负面影响。只有当硬盘受到外部强磁体、强磁场的影响，或因长期使用硬盘盘片上由低级格式化划分出来的扇区格式磁性记录部分丢失，从而出现大量"坏扇区"时，可通过低级格式化来重新划分"扇区"。而高级格式化操作对硬盘没有影响，只会清除硬盘上的数据。建议用户不要轻易低级格式化硬盘。

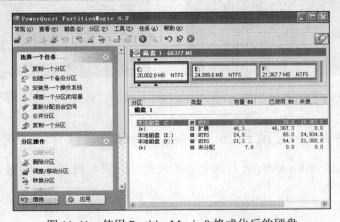
图 11-41　使用 PartitionMagic 8 格式化后的硬盘

11.3.4　使用 format 格式化硬盘

通常所说的格式化都是指对硬盘进行高级格式化，一般是使用 DOS 操作系统中 format 命令来进行硬盘的格式化。

【例 11-7】 使用 format 命令格式化硬盘。

（1）使用 Windows XP 安装盘启动电脑，并进入到 DOS 操作系统，在 DOS 提示符下输入 format c:命令后按 Enter 键。在 Proceed with Format 提示符后输入 y 确认，如图 11-42 所示。

（2）按 Enter 键后，将会对 C 盘进行高级格式化操作，如图 11-43 所示。

图 11-42　警告提示

图 11-43　正在进行高级格式化

（3）在格式化完成后，将会提示用户输入卷标，如图 11-44 所示，如不需要卷标，则直接按 Enter 键即可。此时 format 命令会显示 C 盘的相关信息，如图 11-45 所示。

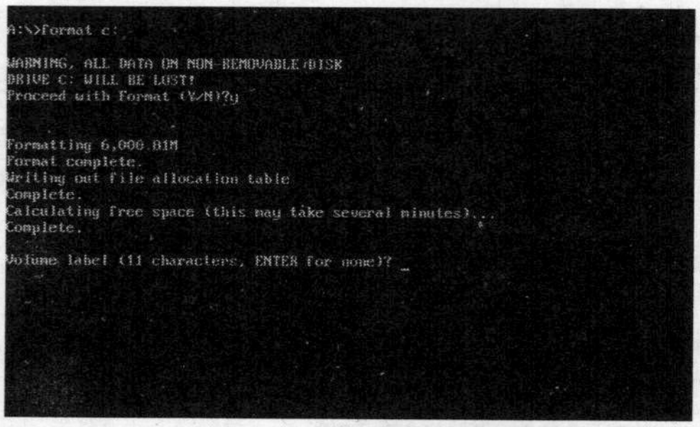

图 11-44　提示输入卷标

图 11-45　完成高级格式化

11.3.5　应用举例——使用 PartitionMagic 对硬盘进行分区格式化

本例要求使用 PartitionMagic 对划分好的硬盘分区进行格式化，通过本例的操作，可以了解格式化硬盘的操作。

操作步骤如下：

（1）将 PartitionMagic 程序光盘放入光驱中，启动电脑，即可进入 PartitionMagic 主界面，在划分好的主分区上单击鼠标右键，在弹出的快捷菜单中选择"格式化"命令，如图 11-46 所示。

（2）在打开"格式化分割磁区"对话框的"分割磁区类型"下拉列表框中选择分区的文件格式类型，在"标签"文本框中输入该分区的名称，然后在"请输入'ok'以确认分割磁区格式"文本框中输入 ok，单击 确定(Q) 按钮即可，如图 11-47 所示。

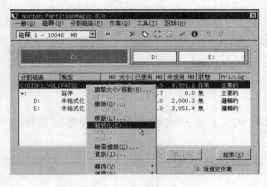

图 11-46　选择主分区

图 11-47　格式化设置

（3）使用相同的方法格式化其他分区。返回 PartitionMagic 主界面，单击 执行(A) 按钮，即可打开"执行变更"提示框，在其中单击 是(Y) 按钮，如图 11-48 所示。

（4）在打开的"批次程序"对话框中将显示操作进程，如图 11-49 所示。

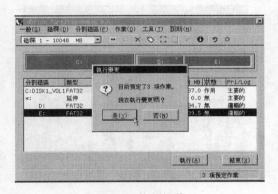

图 11-48　执行操作

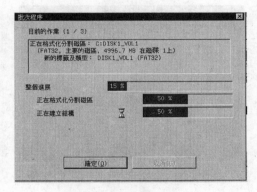

图 11-49　操作进程

（5）操作完成后将显示"已完成所有作业"，单击 确定(O) 按钮，如图 11-50 所示。

（6）返回 PartitionMagic 主界面，单击 结束(X) 按钮即可，如图 11-51 所示。

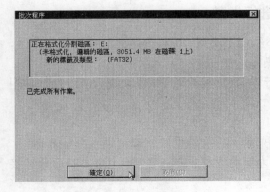

图 11-50　完成操作

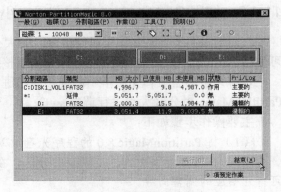

图 11-51　完成格式化硬盘

11.4 上机及项目实训

11.4.1 BIOS 的基本设置

本例将对 BIOS 进行基本设置，包括日期和时间、启用病毒防护和引导顺序等操作。操作步骤如下：

（1）启动电脑，按住 Delete 键不放，直到进入 BIOS 设置主界面。通过按方向键选择 Standard CMOS Features 选项，按 Enter 键。

（2）在打开界面中的 Date 选项和 Time 选项中通过按 Page Up 和 Page Down 键调整系统的日期和时间，如图 11-52 所示。

（3）返回主界面，选择 Advanced BIOS Features 选项，按 Enter 键，进入如图 11-53 界面，在打开的界面中将 Virus Warning 选项设置为 Enable。

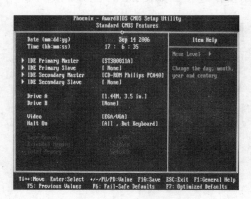
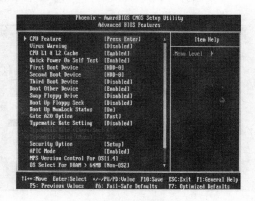

图 11-52 设置日期和时间　　　　　　图 11-53 设置病毒防护和引导顺序

（4）设置 First Boot Device 选项为 CDROM；Second Boot Device 选项为 HDD；Third Boot Device 选项为 CDROM，保存并退出 BIOS 设置界面。

11.4.2 使用 PartitionMagic 对分区大小进行调整

在对新硬盘分区后，如果对硬盘分区的大小结构不满意，可将分区删除后再重新分区，可使用 PartitionMagic 8.0 对分区进行无损调整操作，如图 11-54 所示。

本练习可结合立体化教学中的视频演示进行学习（立体化教学:\视频演示\第 11 章\使用 PartitionMagic 对分区大小进行调整.swf）。

主要操作步骤如下：

（1）将 PartitionMagic 8.0 的程序光盘放入光驱中，启动电脑，即可进入分区界面。

（2）在打开界面中选择要调整的分区，在左侧的窗格中单击 调整一个分区的容量超级链接可打开相应的调整向导。

（3）在向导中设置要调整分区的大小以及将多余空间供给的目标分区，依次单击按钮直到完成。

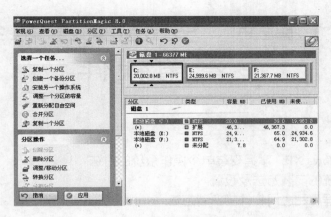

图 11-54　调整分区

11.5　练习与提高

（1）上网查询 BIOS 设置界面中各项的意义以及设置方法，列出主要设置项及其设置参数。

（2）使用软件对硬盘进行分区并格式化，熟练掌握分区的方法和分区大小的设定。

（3）通过网上搜索，查找硬盘分区软件，看看还有哪些硬盘分区软件，并了解这些软件的特点及用法。

（4）在 Phoenix-Award BIOS 中设置系统密码和用户密码，并用通过设置的密码进入BIOS 界面。

提示：本练习可结合立体化教学中的视频演示进行学习（立体化教学:\视频演示\第 11章\在 BIOS 中设置系统密码.swf）。

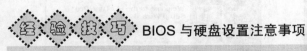 BIOS 与硬盘设置注意事项

关于 BIOS 与硬盘设置，需要注意如下几点。

> 设置 BIOS，若系统出现严重错误，可使用 Load Fail-Safe Defaults（安装失败后默认安全设置）选项使系统进入安全状态，并检查出错原因。

> 要对未创建分区的新硬盘进行分区，其分区顺序为：建立基本分区→建立扩展分区→将扩展分区分成一个或几个逻辑分区。

第 12 章　安装操作系统及常用软件

学习目标

☑　安装 Windows XP，掌握安装单个操作系统的方法
☑　掌握多系统的安装方法及设置
☑　熟悉驱动程序和应用软件的安装方法

目标任务&项目案例

Windows XP 操作系统

Windows 7 操作系统

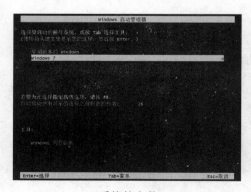

双系统的安装

应用软件的安装

　　操作系统是电脑软件的核心，是电脑能正常运行的基础。没有操作系统，电脑将都无法完成任何工作。本章将以安装 Windows XP 操作系统为例讲解怎样安装操作系统，然后讲解双系统的安装以及怎样安装硬件的驱动程序和常用的应用软件等。

12.1 安装操作系统

对硬盘进行分区和高级格式化操作之后，就可以开始安装操作系统。由于目前大多电脑的资源都很充足，足够多个操作系统安装所需的条件，因此，在一台电脑中既可以安装单个操作系统，也可以安装多个系统。下面将对操作系统的安装方法进行讲解。

12.1.1 安装单个操作系统

操作系统在电脑中占据着无比重要的地位，这里以 Windows XP 的安装为例讲解安装单个操作系统的方法。

Windows XP 有两种安装方式，分为全新安装和升级安装，下面分别进行介绍。

- ➥ **全新安装**：指在电脑上没有安装任何操作系统的基础上安装一个全新的 Windows XP 操作系统。
- ➥ **升级安装**：指将电脑上已有的较早版本的 Windows 操作系统升级为 Windows XP 操作系统。

📣提示：

> Windows XP 可以与其他的操作系统共存，即在一台电脑中安装两个甚至两个以上的操作系统。但对于 Windows XP 和 Windows 95 版本的操作系统将不能进行升级安装。

12.1.2 安装多个操作系统

多重操作系统是指在电脑上安装两个或两个以上的操作系统，并且这些操作系统都能正常启动和使用，并且互不干扰。

1. 认识多系统安装

常见的多重操作系统有 Linux/Windows XP 和 Windows XP/Windows 7 等。安装多重操作系统的一般步骤是先安装一个操作系统，再安装另一个操作系统，最后把这些操作系统都添加到启动列表中，使用户在启动电脑时能选择所需要的操作系统。

安装双系统是指在一台电脑中安装两个操作系统，用户在启动电脑时可根据需要选择进入不同的操作系统，每个操作系统之间的启动和运行互不影响。

📣提示：

> 要安装 Windows XP 和 Windows 7 双系统，应根据由低版本到高版本的安装原则，且 Windows 7 操作系统必须安装在 NTFS 文件格式的硬盘分区中。如果选择的分区不是 NTFS 格式，则需先转换其分区格式。

2. 恢复多重启动菜单

在电脑中安装了双系统，当两个系统安装好后，需要使用安装盘恢复多重启动菜单。

【例 12-1】 使用 Windows XP 操作系统的安装光盘来恢复多重启动菜单。

（1）使用 Windows XP 安装光盘启动电脑，如图 12-1 所示。

（2）按 R 键进行 Windows 修复，如图 12-2 所示。此时修复程序会询问用户需要登录的 Windows 安装。

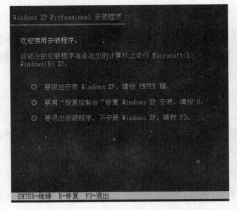

图 12-1　选择修复 Windows XP 安装

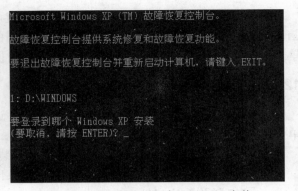

图 12-2　选择登录到哪个 Windows 安装

（3）输入 1 后按 Enter 键登录到 Windows XP，如图 12-3 所示，要求输入 Windows XP 操作系统的管理员密码。

（4）输入管理员密码后按 Enter 键，系统将登录到 Windows XP 安装，如图 12-4 所示。

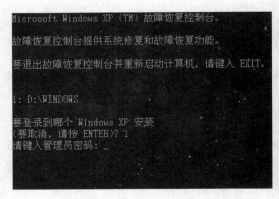

图 12-3　输入管理员密码

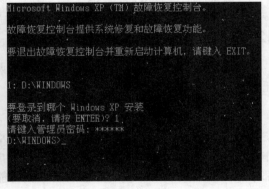

图 12-4　登录到 Windows XP 安装

（5）在 DOS 命令提示符下输入 bootcfg/scan 命令后按 Enter 键，Windows XP 修复程序将会对系统中安装的操作系统进行扫描，如图 12-5 所示。

（6）扫描结束后显示扫描的结果，如图 12-6 所示。

（7）此时在命令提示符下输入 bootcfg/add 命令后按 Enter 键，Windows XP 修复程序将会提示选择要添加的安装，如图 12-7 所示。

🔊提示：

大多数情况下，在电脑中安装 Windows XP 与 Windows 7 的双系统，安装完成后，系统将默认多重启动项，如无特殊需求则无需进行设置。

图 12-5　扫描安装的 Windows 系统

图 12-6　扫描结果

（8）输入 1 后按 Enter 键，此时 Windows XP 修复程序要求用户输入加载识别符，输入 win 即可，如图 12-8 所示。

图 12-7　添加 Windows 安装

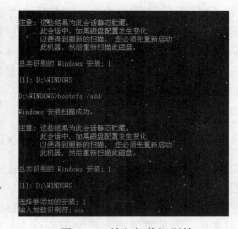

图 12-8　输入加载识别符

（9）输入完成后按 Enter 键，此时 Windows XP 修复程序要求用户输入 OS 加载选项，输入 Microsoft Windows XP Professional 即可，如图 12-9 所示。

（10）输入完成后按 Enter 键，再输入 exit 命令后按 Enter 键即可退出 Windows XP 修复程序，重新启动电脑后即可看到修复的双启动菜单，如图 12-10 所示。

图 12-9　输入 OS 加载选项

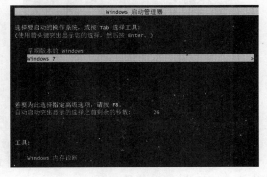

图 12-10　双启动菜单

3．产品激活

操作系统的产品激活的目的是为了减少因为非法或不经意地复制而导致的盗版。它是通过检验一个软件程序产品的密钥是否已被用于软件许可用户进行工作。无论是 Windows XP 还是最新的 Windows 7，在安装完成后都需要进行激活。

（1）激活 Windows XP

在安装 Windows XP 时，用户必须使用正版软件的产品密钥，这样它就转换成为安装所需的 ID 号码，用户可使用激活向导来提供安装 ID 号码给微软公司，也可通过一种安全的 Internet 传输或使用电话来提供号码，微软将有一个确认的 ID 传送回到用户的电脑中，即可激活 Windows XP。

（2）激活 Windows 7

Windows 7 的激活方式为，安装后在 图标上单击鼠标右键，在弹出的快捷菜单中选择"属性"命令，再打开的窗口中单击"立即激活 Windows"超级链接，在打开的"现在激活 Windows"对话框中单击 现在联机激活 Windows(A) 按钮（当然也可以采用电话激活的方式），将打开"正在激活 Windows"对话框，并显示激活的进度。此时，电脑将连接到 Internet 中，用户只需根据提示即可完成 Windows 7 的激活操作，最后打开"激活成功"对话框，提示完成 Windows 7 的激活。

12.1.3　应用举例——安装 Windows XP

本例将通过安装光盘在电脑中安装 Windows XP 操作系统。

操作步骤如下：

（1）在 BIOS 中设置从光驱来启动电脑，将 Windows XP 的安装光盘放入电脑的光驱中，启动电脑，当屏幕底部出现 Press any key to boot for CD 字样时按任意键将从光盘引导。

（2）当 Windows XP 安装程序加载完系统驱动后，将进入如图 12-11 所示的界面，按 Enter 键选择安装 Windows XP 操作系统。

（3）此时安装程序开始对硬盘进行检查，在检查完毕后进入如图 12-12 所示的界面。

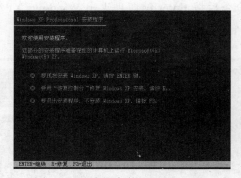　　　　

图 12-11　选择安装 Windows XP　　　　图 12-12　接受许可协议

（4）按 F8 键接受 Windows XP 许可协议，进入如图 12-13 所示的界面，选择安装 Windows XP 操作系统的分区。

（5）选择 C 盘后按 Enter 键进入如图 12-14 所示的界面，选择 C 盘要采用的文件系统格式。

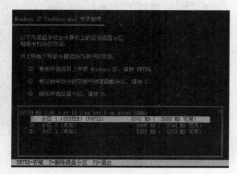
图 12-13　选择 C 盘

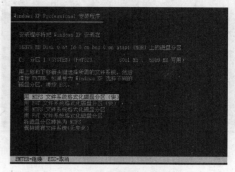
图 12-14　选择 C 盘的文件系统格式

（6）选择"用 NTFS 文件系统格式化磁盘分区（快）"后按 Enter 键，如图 12-15 所示，要求用户确认是否进行格式化。

📢 **提示：**

> 如果想保留该分区内原有的数据，可以选择"保持现有文件系统（无变化）"选项，但这样安装操作系统后不便于管理，最后将操作系统所在的分区中的数据转移到其他地方。

（7）按 F 键即可将 C 盘格式化为 NTFS 格式，如图 12-16 所示，按 ESC 键则可返回分区的选择。

图 12-15　确认是否进行格式化

图 12-16　正在格式化

（8）格式化完成后，Windows XP 安装程序将会把程序文件复制到本地硬盘中，如图 12-17 所示。

（9）程序文件复制完成后，Windows XP 安装程序会重新启动电脑，如图 12-18 所示，重启后将继续系统的安装。

📢 **提示：**

> 在 Windows XP 的安装过程中，一定不能断电或取消操作，否则不仅安装不能成功，严重时还会对硬盘造成损坏。

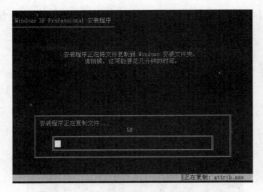

图 12-17　复制程序文件

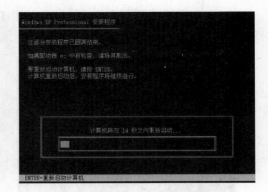

图 12-18　重新启动电脑

（10）重新启动电脑后，Windows XP 安装程序会自动进行安装，如图 12-19 所示。

（11）安装过程中 Windows XP 安装程序会要求设置区域和语言选项，如图 12-20 所示。一般情况下不需要设置，采用默认设置即可。

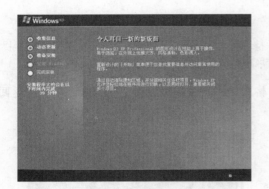

图 12-19　继续进行安装

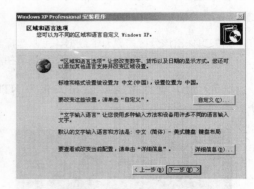

图 12-20　设置区域和语言选项

（12）单击 下一步(N) > 按钮，如图 12-21 所示，输入相应内容即可。

（13）单击 下一步(N) > 按钮，如图 12-22 所示，输入产品密钥，Windows XP 产品密钥一般在购买的产品包装盒上。

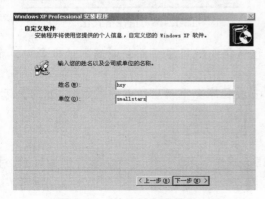

图 12-21　输入姓名和单位

图 12-22　输入产品密钥

（14）单击 下一步(N) > 按钮，如图 12-23 所示，输入计算机名和管理员密码。

（15）单击 下一步(N) > 按钮，如图 12-24 所示，设置电脑的时区、日期和时间。

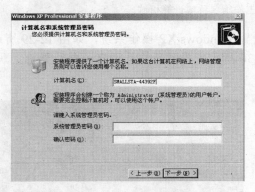

图 12-23　输入计算机名和管理员密码

图 12-24　设置电脑的时区、日期和时间

（16）单击 下一步(N) > 按钮，如图 12-25 所示，设置网络连接，默认设置为"典型设置"。

（17）单击 下一步(N) > 按钮，如图 12-26 所示，设置网络工作模式。

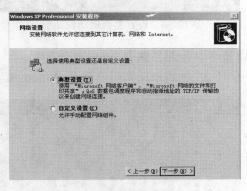

图 12-25　采用默认网络设置

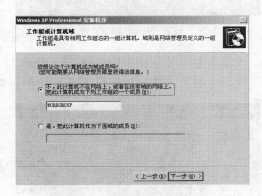

图 12-26　设置工作组

（18）设置完毕后单击 下一步(N) > 按钮，安装程序继续进行安装，如图 12-27 所示。

（19）安装完成后，安装程序会重新启动电脑，并出现如图 12-28 所示的启动画面。

图 12-27　继续进行安装

图 12-28　Windows XP 操作系统启动画面

提示：

在设置 Windows XP 操作系统的网络的过程中，可进行手动设置，即手动设置 IP 地址、子网掩码（如需要还可设置网关和 DNS 服务器），还可设置工作组名称或计算机域。

（20）重新启动后安装程序会要求用户设置 Windows XP 操作系统，如图 12-29 所示。

（21）单击"下一步"按钮，如图 12-30 所示，提示用户是否启动自动更新。默认为启动自动更新。

图 12-29　设置 Windows XP 操作系统　　　　图 12-30　设置是否启动自动更新

（22）单击"下一步"按钮，如图 12-31 所示，检测系统与 Internet 的连接。

（23）单击"跳过"按钮跳过检测，如图 12-32 所示，提示用户激活 Windows。

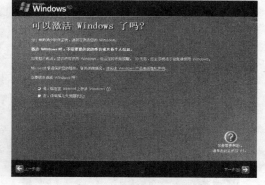

图 12-31　检测 Internet 连接　　　　　　图 12-32　激活 Windows

提示：

Windows XP 操作系统有一个 30 天的注册激活期，如果在 30 天后没有激活，Windows XP 操作系统除了激活功能可用之外其他所有功能都将禁止。

（24）选中 否，请每隔几天提醒我(O) 单选按钮，单击"下一步"按钮，进入如图 12-33 所示的界面，在该界面中设置电脑的用户名。

（25）输入用户名称后单击"下一步"按钮，Windows XP 操作系统提示设置完成，如图 12-34 所示，单击"完成"按钮即可完成 Windows XP 的安装。

图 12-33　输入用户名

图 12-34　完成 Windows XP 的安装

12.2　安装驱动程序和应用软件

Windows XP 能够识别绝大多数硬件，能够为其自动安装驱动程序，所以 Windows XP 操作系统安装完毕后，一般都可以正常使用。但是这种默认的驱动程序不能发挥硬件的最佳性能，要使其发挥最佳的性能，需为其安装原装的驱动程序。

12.2.1　认识驱动程序

驱动程序，全称为"设备驱动程序"，它是一种可以使电脑和设备通信的特殊程序，相当于硬件的接口，操作系统只有通过这个接口，才能控制硬件设备的工作，如果某设备的驱动程序未能正确安装，便不能正常工作。它的作用是告诉操作系统有哪些设备，具备哪些功能。通俗地讲，驱动程序是让电脑各硬件正常工作的程序。

📢 提示：

虽然在购买硬件时都会附赠驱动程序光盘，但这些驱动程序往往版本较低，因此最好根据硬件型号到网上重新下载驱动程序进行安装，其中驱动之家网站（http://www.mydrivers.com/）是不错的选择。

12.2.2　认识常用的装机软件

电脑在安装操作系统后，只能处理一些简单的数据，还不能将其功能很大程度地发挥出来，这时还应该安装一些应用程序，从而更加专业地处理数据。大部分的应用软件都需经过安装后才能运行，因此需掌握应用软件的具体安装方法。

1．硬件测试软件

为了了解电脑的硬件信息或整体性能，常常在完成系统的安装后会使用检测软件进行检测，下面将对几款常见的检测软件进行介绍。

➥ **Cpu-Z**：是一款家喻户晓的 CPU 检测软件，除了使用 Intel 或 AMD 自己的检测软件之外，使用最多的就数它了。它支持的 CPU 种类相当全面，且是绿色软件，软件的启动速度及检测速度都很快。如图 12-35 所示为该软件的主界面。

➥ **HD Tune**：是一款硬盘性能诊断测试工具。它能检测硬盘的传输率、突发数据传输率、数据存取时间、CPU 使用率、健康状态、温度及扫描磁盘表面等，如图 12-36 所示为 HD Tune 的检测界面。

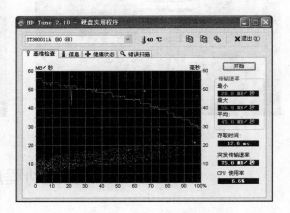

图 12-35　CPU-Z 主界面　　　　　　　　图 12-36　HD Tune 检测界面

2．办公软件

办公软件是电脑系统中不可缺少的软件之一，其使用的频率很高，不论是在工作中还是在生活中，办公软件已成为一种必不可少的工具。下面将对其进行简单介绍。

➥ **Word 程序**：有储存和展示图片的功能，使文档图文并茂，还可以更改字体和文字大小，如图 12-37 为使用 Word 制作的一个文档。

➥ **Excel 程序**：包含用于数据统计、数据分析、汇总、查询、筛选、分类汇总、数据透视表、根据数据制作分析图表和利用函数自动计算等功能。基于数据的一切功能它基本上都能实现，制作表格是最基本的功能，如图 12-38 所示为使用 Excel 制作的一个数据表。

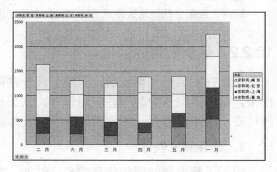

图 12-37　产品宣传单　　　　　　　　图 12-38　销售统计图表

3．开发设计软件

目前各种设计软件的使用已成为了电脑应用的潮流，这里将以图像处理软件 Photoshop 和网页制作软件 Dreamweaver 进行介绍。

➥ Photoshop：是目前公认的最好的通用平面美术设计软件，它的功能完善，性能稳定，使用方便，所以几乎在所有的广告、出版、软件公司中，Photoshop 都是首选的平面工具。通过它可以对图形图像进行修饰、编辑，以及对图像的色彩处理，另外，还有绘图和输出等功能，如图 12-39 所示为 Photoshop 的工作界面。

➥ Dreamweaver：是唯一提供 Roundtrip HTML、视觉化编辑与原始码编辑同步的网页设计工具。帧（frames）和表格的制作速度快，Dreamweaver 支援精准定位，利用可轻易转换成表格的图层以拖拉置放的方式进行版面配置，如图 12-40 所示为 Dreamweaver 的工作界面。

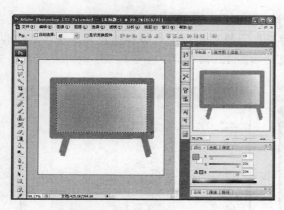

图 12-39　Photoshop 工作界面

图 12-40　Dreamweaver 工作界面

📢 提示：

> 除此之外，还有很多常用的工具软件是电脑中需经常使用的，如杀毒软件、压缩软件等。

12.2.3　获取软件

安装软件前，首先应获取相应的软件，获取软件的途径主要有从网上下载软件安装文件、购买软件安装光盘和购买软件图书时赠送 3 种。

【例 12-2】　在网上获取 HD Tune 软件。

（1）启动 IE 浏览器，打开华军软件网站（http://www.newhua.com），在"软件搜索"文本框中输入需要下载的软件名称，这里输入 HD Tune，如图 12-41 所示，单击 软件搜索 按钮。

（2）此时会搜索并显示出 HD Tune 下载网页，选择要下载的软件版本，这里选择 HD Tune Pro 4.60，在打开的页面中单击"下载地址"超级链接。

（3）在打开的页面中显示了该软件的下载地址列表，单击其中任意的超级链接，如图 12-42 所示。

📢 提示：

> 除了在华军软件网站中可下载软件外，还有很多网站都提供软件的下载功能，如天空软件等。

图 12-41　查找软件　　　　　　　　　　　　图 12-42　单击超级链接

（4）打开"文件下载－安全警告"对话框，单击 保存(S) 按钮，如图 12-43 所示。

（5）打开"另存为"对话框，在"保存在"下拉列表框中选择存储位置，在"文件名"文本框中输入软件名称，单击 保存(S) 按钮，如图 12-44 所示。

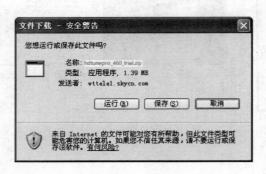

图 12-43　单击"保存"按钮　　　　　　　　图 12-44　保存文件

（6）此时开始下载软件并显示下载进度，如图 12-45 所示。

（7）软件下载完成之后，打开如图 12-46 所示对话框，单击 关闭 按钮完成下载。

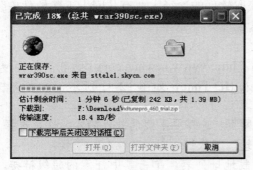

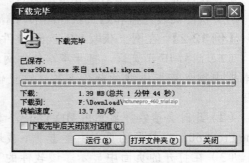

图 12-45　正在下载　　　　　　　　　　　　图 12-46　下载完成

12.2.4　应用举例——安装主板驱动程序

驱动程序的安装很简单，只需根据安装向导进行操作即可，各种驱动程序的安装大同小异，下面将以主板驱动程序为例进行讲解，安装主板驱动能使操作系统很好地识别主板，使其性能得以更好地发挥。

操作步骤如下：

（1）从网上下载主板驱动程序的压缩包，双击该压缩包打开自解压文件。解压缩完毕后，打开如图 12-47 所示的对话框，启动安装向导。

（2）单击 下一步(N)> 按钮进入如图 12-48 所示的对话框，要求用户阅读许可协议，单击 是(Y) 按钮即可。

图 12-47　启动安装向导

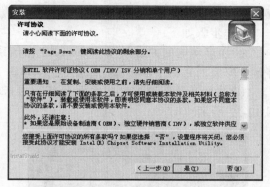

图 12-48　阅读许可协议

（3）安装程序会显示说明文件，提示支持的操作系统、芯片组等信息，如图 12-49 所示，单击 下一步(N)> 按钮。

（4）系统开始进行安装，在安装结束后将打开如图 12-50 所示的对话框，选中 是，我要现在重新启动计算机。 单选按钮，单击 完成 按钮，重新启动电脑，即可完成主板驱动程序的安装。

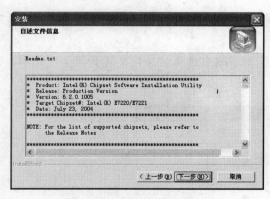

图 12-49　显示安装说明

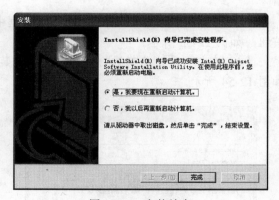

图 12-50　安装结束

提示：

在安装硬件设备的驱动程序时，应尽量使用硬件包装中提供的驱动盘进行安装，或在网络中下载与之匹配的驱动程序进行安装，这样才能使硬件最大限度发挥其性能。

12.3　上机及项目实训

12.3.1　安装 Windows XP 和 Windows 7 双系统

随着技术的不断发展，电脑的操作系统也在逐渐更新，目前使用最广泛的操作系统是 Windows XP 和 Windows 7，通常在电脑资源足够的情况下，很多用户会在电脑中安装双系统，下面将以在安装了 Windows XP 操作系统的电脑中安装 Windows 7 为例进行介绍。

操作步骤如下：

（1）启动电脑并进入 Windows XP 操作系统。将 Windows 7 的安装光盘放入光驱，在打开的安装对话框中单击 现在安装(I) 按钮，如图 12-51 所示。

（2）打开"获取安装的重要更新"对话框，选择"不获取最新安装更新"选项，如图 12-52 所示。

图 12-51　开始安装

图 12-52　选择更新类型

（3）在打开的"请阅读许可条款"对话框中选中 ☑我接受许可条款(A) 复选框，单击 下一步(N) 按钮，如图 12-53 所示。

（4）在打开的"您想进行何种类型的安装"对话框中选择"自定义（高级）"选项，如图 12-54 所示。

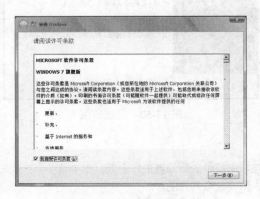
图 12-53　接受许可条款

图 12-54　设置安装类型

（5）打开选择安装分区的对话框，选择逻辑分区 5，即 G 盘，单击 下一步(N) 按钮，如图 12-55 所示。

（6）在打开的"正在安装 Windows"对话框中将显示安装进度，如图 12-56 所示。其安装过程与安装 Windows 7 的过程完全相同，这里不再赘述。

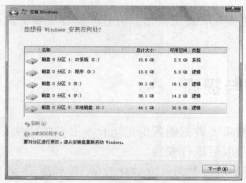

图 12-55　选择安装分区

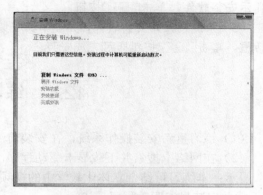

图 12-56　安装 Windows 7

🔊 提示：

完成双系统的安装后重启电脑，在启动过程中将显示启动菜单，选择"早期版本的 Windows"选项可以启动 Windows XP，选择"Windows 7"选项就可以启动 Windows 7。

12.3.2　安装 Tune Pro 4.60 软件

安装应用软件的方法同安装驱动程序相似，只需运行安装程序，根据向导进行安装即可，这里以安装 Tune Pro 4.60 为例进行讲解，如图 12-57 所示为安装 Tune Pro 4.60 的简单过程图示。

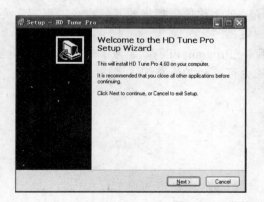

图 12-57　安装 Tune Pro 4.60 软件

本练习可结合立体化教学中的视频演示进行学习（立体化教学:\视频演示\第 12 章\安装 Tune Pro 4.60 软件.swf），主要操作步骤如下：

（1）双击 Tune Pro 4.60 安装程序文件图标即可启动安装程序，单击 Next> 按钮。

（2）在打开的对话框中选中  单选按钮，接受协议，单击 ⬛Next⬛ 按钮。

（3）在打开的对话框中设置安装的路径，单击 ⬛Next⬛ 按钮。在打开的对话框中设置名称，这里使用默认设置即可，单击 ⬛Next⬛ 按钮。

（4）在打开的对话框中选中 ☑Create a desktop icon 复选框，单击 ⬛Next⬛ 按钮。在打开的对话框中将提示安装软件，单击 ⬛Next⬛ 按钮。

（5）系统将开始安装软件，并显示其安装进度，安装完成后，将打开提示安装完成的对话框，单击 ⬛Finish⬛ 按钮即可完成安装。

12.4　练习与提高

（1）练习重新安装操作系统，在安装前注意重要数据的备份，防止不必要的损失。

（2）在网络上搜索并下载显卡驱动程序，获取后进行安装。

提示：本练习可结合立体化教学中的视频演示进行学习（立体化教学:\视频演示\第12章\下载并安装显卡驱动程序.swf）。

经验技巧 安装驱动程序与软件时的注意事项

为电脑安装完操作系统后，即可进行驱动程序和软件的安装，安装时如果对电脑驱动程序不熟悉，可使用驱动程序安装光盘进行安装，但需注意以下几点。

➥ 首先应安装显卡驱动程序，然后是主板、声卡和网卡等硬件的驱动程序，最后才是摄像头、打印机等外部硬件设备。

➥ 安装驱动程序之前，应该将没有找到相应驱动程序的硬件设备屏蔽掉，这样可避免发生硬件设备资源冲突的不兼容现象。

在安装软件时，要注意以下几点。

➥ 安装软件只需要安装该软件的主程序，对于软件中捆绑的其他程序，则不需要安装以节省磁盘空间，增强系统的稳定性。

➥ 软件的默认安装路径为"系统分区盘符:\Program Files\"，为了不影响操作系统的稳定性，通常都将软件安装到系统分区外的其他分区。

第 13 章　电脑性能测试

学习目标

☑ 使用工具检测 CPU、内存、主板、显卡、硬盘和光驱等硬件设备
☑ 对电脑整机的性能进行测试
☑ 对电脑的稳定性进行测试

目标任务&项目案例

CPU-Z

RivaTuner

SiSoftware Sandra 软件

360 硬件大师

电脑已成为人们学习、工作和生活中不可或缺的一部分，现在购买电脑的用户越来越多，但是在鱼龙混杂的电脑市场中，要保证不受奸商的蒙蔽，买到货真价实的产品，这就需要掌握检测电脑的硬件以及测试电脑整体性能的工具和方法。本章将介绍电脑硬件的检测、电脑整体性能的检测以及电脑稳定性检测的工具和使用方法。

13.1 电脑硬件检测

电脑硬件的检测是通过专门的电脑硬件检测工具检测 CPU、内存、主板、显卡、硬盘和光驱等设备的型号、性能指标等信息，让用户一目了然，从而避免买到劣质产品。

13.1.1 CPU-Z

通常用来检测 CPU 的软件是 CPU-Z，其启动速度及检测速度都很快，可以提供全面的 CPU 相关信息报告，包括处理器的名称、厂商、时钟频率、核心电压、超频检测和 CPU 所支持的多媒体指令集，并且还可以检测主板、内存等设备的信息。

CPU-Z 为绿色软件，使用时无须安装，直接双击 CPU-Z.exe 文件即可运行，打开如图 13-1 所示的 CPU-Z 对话框，其中主要包括"处理器"、"缓存"、"主板"、"内存"、SPD、"显卡"和"关于"等选项卡，下面将依次对其进行介绍。

◀》提示：

> 用户可以到一些专业的软件下载网站（如华军软件园 http://www.newhua.com）下载硬件的检测软件。

1．"处理器"与"缓存"选项卡

在"处理器"选项卡中可以查看当前电脑 CPU 的信息，如图 13-1 所示。在"缓存"选项卡中可查看缓存的信息，如图 13-2 所示。下面分别对其主要参数进行讲解。

图 13-1　"处理器"选项卡

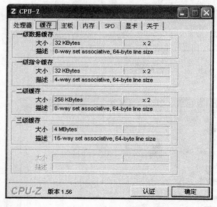
图 13-2　"缓存"选项卡

（1）"处理器"选项卡

下面将介绍"处理器"选项卡中各项的具体含义。

- 名字：CPU 的名称。如这块 CPU 名称为 Intel Core i3 530。
- 代号：CPU 所采用的核心。如这块 CPU 所采用的为 Clarkdale。
- 插槽：CPU 支持的插槽。如这块 CPU 的插槽为 Socket 1156 LGA。
- 工艺：CPU 的制造工艺。如这块 CPU 采用的是 32μm 制造工艺。
- 核心电压：CPU 的核心电压，如这块 CPU 的核心电压为 0.976V。

- **规格**：CPU 的型号和频率。如这块 CPU 是 Intel(R) Core(TM) i3 CPU 530@2.93GHz。
- **指令集**：CPU 所支持的扩展指令集。如这块 CPU 支持 MMX、SSE（1、2、3、3S、4.1、4.2、EM64T、VT-x）指令集。
- **核心速度**：CPU 的核心速度。如这块 CPU 的核心速度为 2926.3MHz。
- **一级数据**：一级数据缓存。这块 CPU 的一级数据缓存大小为 2×32KB。
- **二级缓存**：二级高速缓存。这块 CPU 的二级缓存大小为 2×256KB。
- **三级缓存**：三级高速缓存。这块 CPU 的三级缓存大小为 4MB。
- **已选择**：如果在该下拉列表框中有选项，则表明该电脑有多个 CPU，选择不同的选项，可以查看相应 CPU 的信息。

（2）"缓存"选项卡

在该选项卡中能检测出一级数据缓存、一级指令缓存、二级缓存及三级缓存的信息，其数据与处理器中检测到的缓存数据相同。

2．"主板"选项卡

单击"主板"选项卡，可以查看主板的详细信息，如图 13-3 所示。在"主板"栏中可以查看主板的制造商、主板型号、主板的芯片组、南桥芯片以及传感器型号等信息；在 BIOS 栏中可以查看 BIOS 的开发商、BIOS 的版本以及开发日期等信息；在"图形接口"选项组中可以查看图形接口的版本、传输速率以及边际等信息。

3．"内存"选项卡

单击"内存"选项卡，可以查看内存的信息，如图 13-4 所示。在"常规"栏中可以查看内存的类型以及大小；在"时序"栏中可以查看内存的频率、循环周期等信息。

图 13-3　"主板"选项卡

图 13-4　"内存"选项卡

4．SPD 选项卡

单击 SPD 选项卡，可以查看每条内存的详细信息，如图 13-5 所示。在"内存插槽选择"栏中选择一个插槽，则可显示出该插槽上内存的详细信息，包括模块大小、最大带宽、制造商、型号和序列号等。

5．"关于"选项卡

单击"关于"选项卡，可以查看 CPU-Z 的相关信息以及操作系统版本等信息，如图 13-6 所示。

图 13-5　SPD 选项卡　　　　　　图 13-6　"关于"选项卡

13.1.2　RivaTuner

显卡可以说是电脑市场中较混乱的产品，经常有商家将低显存位宽的产品当作高显存位宽的产品，或使用速度低的显存充当高速显存、使用低版本的芯片冒充标准版或者加强版来出售，使用 RivaTuner 就可以很方便地查看显示芯片类型和显存位宽、容量等信息。

RivaTuner 常被用来对显卡进行超频，但其功能不仅仅是超频，它在显卡的检测方面的功能也非常强大。启动 RivaTuner 后，将打开如图 13-7 所示的 RivaTuner 对话框，在其中可以查看显示芯片类型和显存位宽、容量等信息。

当前检测的显卡的芯片为 GeForce 9600，位宽为 128 位，显存为"128MB DDR3 显存"。单击"设置"选项卡，在其中可对该软件进行相关的设置，如图 13-8 所示，可对软件的用户界面参数、启动和热键管理进行设置。

图 13-7　RivaTuner 对话框　　　　　图 13-8　"设置"选项卡

13.1.3　Nero InfoTool 和 Nero CD-DVD Speed

Nero InfoTool 用于对光驱的信息进行检测，而 Nero CD-DVD Speed 用于对各类光盘驱动器的读取和刻录性能的测试。它们是光盘刻录软件 Nero 自带的工具软件，安装后在"开始/所有程序/Nero/Bero Toolkit"菜单命令中可以找到这两个软件的快捷方式。

1．Nero InfoTool

Nero InfoTool 可以检测光盘驱动器的类型、固件版本、存取写入速度、缓存以及所支持的读取光盘格式和所支持的写入光盘格式等信息。运行 Nero InfoTool 后，将打开如图 13-9 所示的 Nero InfoTool 对话框，单击"硬件"选项卡还可打开如图 13-10 的对话框，检测出电脑硬件的信息。

图 13-9　驱动器检测

图 13-10　硬件检测

其中驱动器检测的项目含义如下。

➥　**"一般"选项组**：显示当前光驱的类型、固件版本和读写速度等信息。

➥　**"支持的读/写特征"选项组**：显示当前光驱能够读取的光盘类型。

➥　DVD 特征选项组：显示 DVD 的区码设置以及剩余的更换区码次数等信息。

2．Nero CD-DVD Speed

在进行光驱读取能力测试时，需要准备几张容量比较大的光盘，然后将一张光盘放入光驱，并启动 Nero CD-DVD Speed，在打开的 Nero CD-DVD Speed 窗口中单击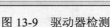按钮，开始进行测试。

测试完成后的结果如图 13-11 所示，从其中的曲线图可以看出该光驱的纠错能力，一般曲线图越平稳表示光驱的纠错能力越好，如果波动非常剧烈则表明光驱的纠错能力很差。再连续测试几张光盘，来检测光驱是否有挑盘现象。

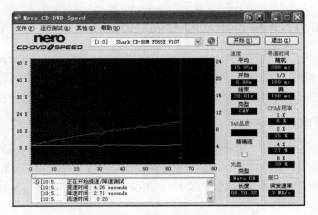

图 13-11　Nero CD-DVD Speed 窗口

对刻录机写盘能力的测试与对读盘能力的测试类似，测试结果中的曲线图如果波动非常剧烈，则表明该刻录机容易刻废盘。

13.1.4　应用举例——使用 HD Tune 检测硬盘

HD Tune 是一款硬盘检测工具，具有小巧易用的特点，主要能检测硬盘传输速率、健康状态、温度以及进行磁盘表面扫描等。HD Tune 包含基准检查、信息、健康状态和错误扫描 4 个选项卡，下面将对使用 HD Tune 检测硬盘进行介绍。

操作步骤如下：

（1）启动 HD Tune 软件，单击 ◁开始▷ 按钮即可开始检测，完成后如图 13-12 所示。

（2）单击"信息"选项卡，即可检测出当前硬盘的分区、所支持的功能、固件版本、序列号、容量、缓存大小以及 Ultra DMA 模式等信息，如图 13-13 所示。

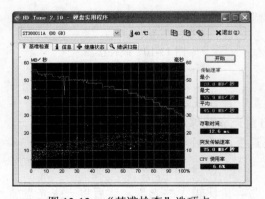

图 13-12　"基准检查"选项卡

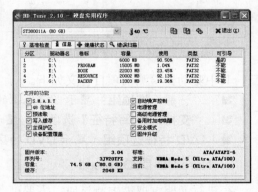

图 13-13　"信息"选项卡

提示：

如果安装有多个硬盘，可以在软件对话框的左上角下拉列表框中进行选择，在该下拉列表框后面显示的是该硬盘当前的温度。

（3）单击"健康状态"选项卡，即可检测出当前硬盘的健康状态，如图 13-14 所示。

（4）单击"错误扫描"选项卡，即可检测出当前硬盘以是否存在坏道，如图 13-15 所示，检测完毕后，单击 ⊠ 按钮退出软件。

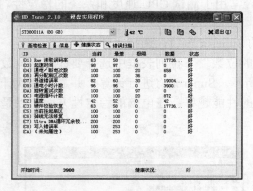

图 13-14　"健康状态"选项卡

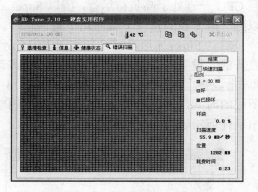

图 13-15　"错误扫描"选项卡

13.2　整机性能测试

电脑组装好以后，该电脑的性能到底如何是用户最关心的问题。这就需要对电脑进行整机的性能测试。整机的性能主要包括 CPU 运算系统性能、内存子系统性能、磁盘子系统性能和图形子系统性能等方面，只有这些方面都搭配得当，才不会出现影响系统性能的瓶颈。

13.2.1　硬件评测环境

进行硬件评测，需满足一定的条件，主要包括硬件条件、软件条件和分析能力等，下面将分别对其进行讲解。

1．硬件条件

专业评测需要有高性能的系统平台、专业的辅助设备，对于所评硬件也需要有多种同类产品进行平行测试比较。只有这样，才能排除人为因素和系统误差。

2．软件条件

评测必须以专业评测软件为基础，这样才能将系统误差、人为因素减小到最低，才能对硬件的技术指标得出详细准确可信的数据。

3．分析能力

专业评测人员都会对评测数据进行严格周密的分析，而这是建立在对所用评测软件运行机制和硬件知识的深入研究基础上的。

所以，要做比较专业的评测不是一件容易的事。评测的关键就是要尽量减少误差，以达到客观准确。

13.2.2　稳定性测试

电脑在使用的过程中，稳定性无疑是非常重要的，稳定性差的电脑经常出现蓝屏、死机或应用程序突然自动退出等现象。

Super π 是一款用来计算圆周率的软件，由于运行圆周率计算时需要大量的系统资源，且 CPU 一直处于高负荷运行，所以 Super π 被经常用于测试 CPU 速度和系统的稳定性。可以到一些专业的软件下载网站下载该软件。

启动 Super π 后，将打开如图 13-16 所示的 Super π 窗口，选择"开始计算"命令，在打开的"设置"对话框中的"请选择所需计算的位数"下拉列表框中选择要计算的位数。单击 确定 按钮即可开始测试，如图 13-17 所示。Super π 将进行计算，并显示每次计算所用的时间，运算所需要的时间越短说明电脑的性能越好；在电脑的稳定性方面，以是否出现任何错误为判断依据。

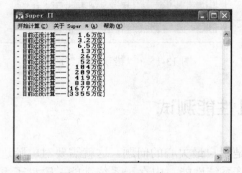
图 13-16　Super π 窗口

图 13-17　计算圆周率

13.2.3　认识 SiSoftware Sandra 软件

安装好电脑后，并不能直接观察到电脑的性能，而是需通过相关的软件进行测试。SiSoftware Sandra 是一套功能强大的系统分析评测工具，下载安装后启动 SiSoftware Sandra，将打开如图 13-18 所示的 SiSoftware Sandra 窗口。其中包含了 5 个测试项目类别，分别为向导模块、信息模块、对比模块、测试模块和列表模块，如图 13-18 所示。

图 13-18　SiSoftware Sandra 主界面

- **向导模块**：提供智能化操作，只需按提示执行即可。这里主要使用"综合性能指标向导"项目，通过该项目可以检测电脑的综合性能。
- **信息模块**：对电脑硬件和操作系统进行详细的检测，并反馈结果给用户。

- 对比模块：检测电脑的性能，并提供其他电脑的性能检测结果进行对比。
- 测试模块：显示硬件的中断信息和 I/O 设置等相关信息。
- 列表模块：显示 Msdos.sys 等启动文件的内容。

📢提示：

除了可以使用 SiSoftware Sandra 软件测试电脑的整机性能外，还可以使用 360 硬件大师进行测试，在网上下载安装即可使用。

13.2.4　应用举例——使用 SiSoftware Sandra 测试电脑性能

使用 SiSoftware Sandra 软件可以测试电脑的综合性能、CPU 运算对比和 CPU 多媒体对比等，下面进行具体的测试操作。

操作步骤如下：

（1）启动 SiSoftWare Sandra，在"向导模块"中双击"综合性能指标向导"图标，打开如图 13-19 所示的对话框，单击✓按钮对系统的综合性能进行检测，如图 13-20 所示。

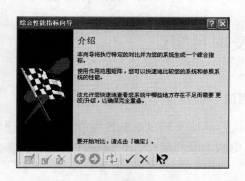

图 13-19　"综合性能指标向导"对话框

图 13-20　检测结果

（2）在"对比模块"中双击"CPU 运算对比"图标，打开"CPU 运算对比"对话框，如图 13-21 所示。在"参照 CPU 1"等下拉列表框中选择需进行参照的系统。单击下方的按钮，等待一段时间后，即可得到结果，如图 13-22 所示。

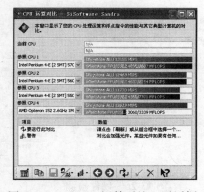

图 13-21　"CPU 运算对比"对话框

图 13-22　CPU 对比测试结果

（3）在"CPU 运算对比"对话框中单击 按钮，切换到"CPU 多媒体对比"对话框，如图 13-23 所示。单击 按钮，对系统进行检测，显示结果如图 13-24 所示，继续单击 按钮可进行下一个检测，其操作方法相同，这里不再赘述。

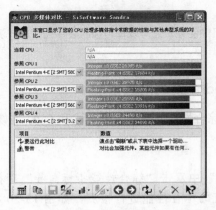

图 13-23 "CPU 多媒体对比"对话框

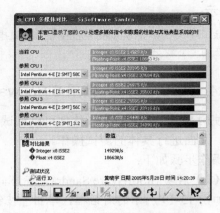

图 13-24 CPU 多媒体对比测试结果

13.3 上机及项目实训

13.3.1 使用 360 硬件大师对电脑进行测试

360 硬件大师是一款用来实时监测电脑的运行环境、测试电脑性能和检测电脑硬件信息的软件，本例将使用 360 硬件大师检测当前电脑的硬件信息、查看硬件的运行状态并测试电脑的性能。

操作步骤如下：

（1）运行 360 硬件大师，打开主界面。如图 13-25 所示，其界面中检测出 CPU、显卡、硬盘和主板的温度，同时监控风扇转速、内存使用率和 CPU 使用率。

（2）单击 按钮，即可进入硬件检测界面，如图 13-26 所示，其中显示了检测出的当前电脑硬件的基本信息，单击相应的选项卡可查看该硬件的详细信息。

图 13-25 360 硬件大师主界面

图 13-26 硬件检测

（3）单击 按钮，进入监控保护界面，如图 13-27 所示，这里将监控并显示电脑主要硬件的状态。

（4）单击 按钮，进入性能测试界面，单击 开始测试 按钮，系统将测试当前电脑的整体性能，并给出评分，如图 13-28 所示，让用户了解电脑的综合性能。

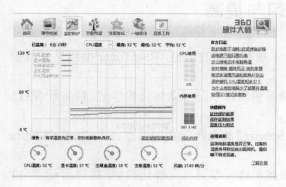

图 13-27　监控保护

图 13-28　性能测试

13.3.2　使用 SiSoftware Sandra 检测硬件

本例将使用 SiSoftware Sandra 检测电脑硬件的详细信息，通过了解电脑硬件的信息，用户可以判断硬件的好坏，从而适当地更换硬件设备，提高整机的性能。

本练习可以结合立体化教学中的视频演示进行学习（立体化教学:\视频演示\第 13 章\使用 SiSoftWare Sandra 检测硬件.swf），主要操作步骤如下:

（1）启动 SiSoftware Sandra 软件，即可打开如图 13-29 所示的界面，在该界面中显示了各种功能模块。

（2）双击"信息模块"中的 按钮，即可打开如图 13-30 所示的对话框，其中显示了电脑各硬件设备的信息。

（3）双击其他功能按钮，依次检测出相应硬件的详细信息，将之与目前主流硬件的性能进行对比，判断其硬件档次。

图 13-29　SiSoftware Sandra 主界面

图 13-30　硬件的检测

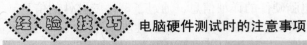提示：

使用 SiSoftware Sandra 的"信息模块"功能还可以对端口信息、网络信息等进行检测，全面地了解与之相关的信息。

13.4 练习与提高

（1）分别使用 CPU-Z 软件检测的 CPU、主板和内存的信息，RivaTuner 检测显卡的相关信息，HD Tune 检测硬盘的相关信息。

提示：本练习可结合立体化教学中的视频演示进行学习（立体化教学:\视频演示\第 13 章\使用 CPU-Z 和 HD Tune 测试工具.swf）。

（2）使用 Nero InfoTool 和 Nero CD-DVD Speed 检测光驱的相关信息，SiSoftware Sandra 软件电脑的综合性能进行测试。

提示：本练习可结合立体化教学中的视频演示进行学习（立体化教学:\视频演示\第 13 章\使用 Nero InfoTool 和 Nero CD-DVD Speed 测试工具.swf）。

（3）使用 Super π 对电脑的稳定性进行测试。

（4）根据测试的效果对电脑的相关硬件进行更换或优化。

经验技巧 电脑硬件测试时的注意事项

本章主要讲解了对电脑硬件的测试，需注意以下几点。

➥ 使用各种软件在检测硬件时；要注意软件的使用对象，大多可以互用，但针对某一种硬件应使用其专业的测试软件进行检测。

➥ 目前 360 硬件大师是应用在个人电脑中监控硬件运行状态、检测电脑性能的一款优秀软件，其主要界面如图 13-31 所示。

图 13-31　360 硬件大师

第 14 章　电脑硬件的维护和优化

学习目标

- ☑ 了解电脑的日常维护
- ☑ 电脑常规硬件的维护
- ☑ 进行磁盘的维护
- ☑ 进行电脑常见硬件的优化

目标任务&项目案例

电脑设备维护

主机箱除尘

磁盘碎片整理

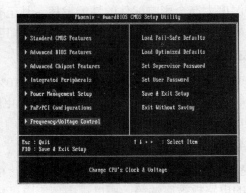

在 BIOS 中优化硬件

　　电脑在长期的使用过程中需要对其进行合理有效的维护。维护电脑首先应保证其良好的工作环境和正确的操作，其次是对其硬件设备的维护，如键盘鼠标、光驱、显示器和电源等常用并容易出现故障的硬件设备。同时，为了使电脑的性能达到最大化，还可以对CPU、主板和内存等进行优化，本章将主要介绍电脑硬件设备的维护和优化。

14.1　电脑的日常维护

电脑的工作环境及操作方法会对电脑的稳定性以及整机的寿命产生一定的影响，因此，在日常使用电脑时应该注意这两方面因素，同时，电脑的除尘也相当重要。

14.1.1　良好的工作环境

电脑对其工作环境有一定的要求，通常会有温度、相对湿度、供电和灰尘含量等因素影响。下面分别对其进行讲解。

1．温度

环境温度过高或过低都可能会影响电脑的使用寿命。如图 14-1 所示为一般情况下显示器的温度。如图 14-2 所示为一般情况下机箱内的温度，电脑的理想工作温度为 10℃~35℃。

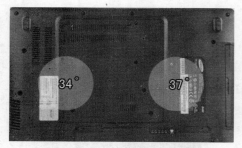

图 14-1　显示器温度

图 14-2　机箱内部温度

2．相对湿度

湿度太高会影响配件的性能发挥，甚至有可能引起一些配件的短路；湿度太低则容易产生静电，同样会对配件产生不利的影响，电脑工作环境的相对湿度应在 30%~80% 之间。

3．供电

交流电的正常电压范围应该为 220V±10%，频率范围为 50Hz±5%，并且具有良好的接地系统。如果有条件可以使用 UPS 来保护电脑，让电脑在停电后还能继续运行一段时间，以便正常关机。

4．灰尘含量

空气中的灰尘含量对电脑的影响较大，电脑长时间处于灰尘较多的环境中，可能导致配件的电路板被腐蚀等，所以周围环境应尽量保持整洁、干净。

14.1.2　正确的操作方法

在电脑的使用中，个人习惯对电脑的影响也较大，用户应该掌握一些正确的操作方法，同时需要注意一些细节问题。下面分别对其进行介绍。

1．开关机方式

如图 14-3 所示为连接好的电脑设备，开启电脑时，首先应打开外设（如打印机、音箱等）的电源，再打开显示器的电源，最后打开主机电源；关闭电脑时，则按相反的顺序进行，即首先关闭主机电源，再关闭显示器电源，最后关闭外设电源。这样可以减少瞬间电流的冲击给主机带来的损害。

图 14-3　电脑设备

2．不能频繁开关机

频繁开关机对各配件的冲击很大，对硬盘会有严重损伤。关机后至少要等待 10 秒以上再进行下一次的开机操作。特别要注意当电脑工作时，应避免进行直接关机的操作，否则有可能会损坏硬盘等驱动器。

3．防止硬件的振动

即使电脑没有工作时也应该尽量避免搬动机器，因为过大的振动会损坏硬盘等部件，更不可以在系统运行出现问题时，试图用力拍打主机以解决问题。

4．不能带电对硬件进行安装或拆卸

在为系统添加新的硬件设备时，应先关闭电脑并拔掉主机电源，再进行连接。如果是支持热插拔的 USB 设备则不需要，另外，在拔出 USB 设备时，首先应在系统中将其停用，再进行拔出操作，以防止损坏配件。

📢提示：

经常对电脑中重要的数据资料进行备份，防止发生意外情况导致丢失。对于系统文件和系统设置，如果不清楚其具体作用就不要随便删除和修改，否则有可能会因为删除了一个文件或修改了某项设置而导致系统不能运行。

14.1.3　电脑的防尘

对于新配置的电脑，只需保持电脑使用场所干净就可以了。但对于要长时间使用的电脑，则需定期为其除尘，这样不仅能减少电脑故障发生的可能性，还能延长电脑的使用寿命。因为灰尘在电脑中积聚过多，容易使电脑中的部件短路、产生静电放电，影响电脑的散热等。所以定期为电脑除尘是非常必要的。

电脑的清尘主要包括主机的清尘（如图 14-4 所示）和显示器、键盘等外设的清尘（如

图 14-5 所示）。在主机方面，清洁的方法比较简单，首先，要断开电脑的电源（即拔下电源线），然后打开机箱盖，用棕毛刷或吸尘器，扫掉或吹掉电脑内部部件上的灰尘。在这一操作过程中，一定要小心，不要过于用力或碰坏电脑部件。在显示器等外设的清洁方面，主要是显示器、键盘和鼠标。在清洁显示器的显示屏时，要用半干的棉布，轻轻擦拭屏幕表面，将屏幕上积聚的灰尘擦掉。

图 14-4 主机的清尘

图 14-5 键盘的清尘

14.2 电脑常规硬件的维护

电脑的硬件维护主要包括键盘和鼠标、光驱、硬盘、显示器和主板等设备的维护，下面将对这些硬件设备的日常维护进行简单介绍。

14.2.1 鼠标和键盘的维护

鼠标和键盘是电脑主要的输入设备，其使用非常频繁，而且在使用过程中经常会出现故障，这些故障出现的原因大多是使用不当或外界因素的破坏。下面将对键盘和鼠标的日常维护进行讲解。

1. 键盘的维护

由于键盘使用频率较高，如果在使用时用力过大或将茶水等液体溅入键盘内，就会出现按键不灵等现象。在对键盘进行维护时应注意以下几个方面。

- ↘ 更换键盘时，应断开电脑电源。
- ↘ 定期清洁键盘表面的污垢，如图 14-6 所示，可用柔软干净的湿布擦拭键盘，对于顽固的污渍可以使用中性的清洁剂擦除。
- ↘ 当有液体进入键盘时，应当尽快关机，将键盘取下，打开键盘用干净吸水的软布或纸巾擦干内部的积水，最后在通风处自然晾干即可。

2. 鼠标的维护

鼠标在使用时要防止灰尘、强光以及拉拽。在对鼠标进行维护时应注意以下几个方面。

- ↘ **基本除尘**：鼠标的底部长期和桌面接触，最容易被污染。尤其是机械式鼠标的滚动球最容易将灰尘、毛发、细纤维等带入鼠标内部，须保持桌面的清洁。
- ↘ **开盖除尘**：可用十字改锥卸下鼠标底盖上的螺丝，取下鼠标的上盖，用棉签清理光电检测器中间的污物或其他部件除尘，如图 14-7 所示。

➥ **软件维护**：为充分发挥鼠标的功能，应尽量使用原装的鼠标驱动程序。

图 14-6　键盘的维护　　　　　　　　　　图 14-7　鼠标的维护

14.2.2　光驱的维护

光驱在使用一定的时间后，就会出现读盘速度变慢、不读盘等问题。如果在光驱的日常使用中注意保养和维护，在一定程度上会延长光驱的寿命。在日常维护时应注意以下几点。

➥ **保持光驱清洁**：要尽可能保持室内的清洁，减少灰尘。灰尘不仅影响激光头的读盘质量和寿命，还会影响光驱内部各机械部件的精度。

➥ **定期清洁光驱内部组件和激光头**：光驱的机械部件一般使用棉签擦拭，如图 14-8 所示，对激光头则只能用吹气球吹掉灰尘。

➥ **注意光盘质量**：经常使用质量较差的光盘必定会减少光驱寿命。

➥ **必要时使用虚拟光驱**：最好的延长光驱寿命的方法就是尽可能少地使用光驱，尽可能使用虚拟光驱。

➥ **养成正确使用光驱的习惯**：不要直接用手关闭仓门，在光盘高速旋转时不要强行打开光驱托盘。

图 14-8　光驱的维护

14.2.3　硬盘的维护

为了让硬盘能更好地工作，需要了解一些日常维护中的注意事项，其维护方法如下。

➥ 硬盘采用密封式设计，可以防止灰尘进入硬盘内部，虽然如此，仍然需要注意电脑的环境卫生，在潮湿、灰尘和粉尘严重超标的环境中使用电脑时，会有更多的污染物吸附在印刷电路板的表面以及主轴电机的内部，影响硬盘的正常工作。

↳ 在关机时一定要注意查看机箱面板上的硬盘指示灯是否仍在闪烁，等到硬盘指示灯不再闪烁的时候，表示已经完成读、写操作，才可关闭电源。

↳ 当硬盘出现故障时，千万不要试图自己打开硬盘盖进行维修，普通用户没有具备维修硬盘的技术和条件，必须返回厂家进行维修。

↳ 硬盘不是即插即用的设备，在安装或卸下硬盘时，必须在主机电源断开的情况下进行，如图 14-9 所示，不可在主机运行的情况下插拔硬盘的电源线和数据线。

图 14-9　硬盘的维护

14.2.4　显示器的维护

显示器的寿命与日常使用有着十分紧密的关系，其日常维护主要包括以下几个方面。

↳ **远离磁场**：如果发现显示屏局部变色，应立即确定显示器附近是否有磁性物质，并迅速排除，否则可能会给显示器造成永久的损害。

↳ **防潮防湿**：特别在梅雨季节，即使不使用显示器，也要定期接通电脑的电源，让电脑运行一段时间，以加热元器件驱散潮气。

↳ **定期清洁**：建议每个星期对显示器进行一次清洁，如图 14-10 所示。

↳ **防强光直射**：显示器应摆放在日光照射较弱或者没有光照的地方。

↳ **通风良好**：让显示器处于通风的环境下，可以确保显示器散热良好。

↳ **稳定的电源**：尽管显示器的工作电压适应范围比较大，但也可能由于受到瞬时高压冲击而造成元件损坏，如条件许可最好配一个 UPS 电源（不间断电源）。

↳ **不要随意拆卸显示器**：在显示器的内部会产生高电压，关机很长时间后依然可能带有高达 1000V 的电压。

图 14-10　显示器的维护

提示：

> 在加电的情况下以及刚刚关机时，不要移动显示器，以免造成显像管灯丝的断裂。摆放多台显示器时，应相隔 1m 的距离，以免由于相互干扰造成显示抖动的现象。

14.2.5　主板的维护

主板是电脑的核心硬件设备，是电脑运行的基础。其维护主要包括以下几个方面。

- 外部电压应在 200~250V 之间。电压过高将会烧坏电路，过低容易使电脑死机。
- 突然停电时应立即切断电源，以防突然来电时产生瞬时高压击坏主板。
- 可用无水酒精或其他清洗液清洗主板，但不要划伤主板。
- 不要在主板带电的情况下拔插板卡。
- 不要将电脑置于高温环境中工作，工作时间不要太长，以免产生太多的热量影响 CPU 的正常工作。

另外，在主板的日常维护中还应注意防尘，防潮和防变形。当主板中积累的灰尘过多时，会影响电脑的使用，此时可用小毛刷（如图 14-11 所示）、吹风机等清理灰尘。在用小毛刷清理灰尘时，一定要先拔下所有插卡、内存及电源插头，并拆除固定主板的螺丝，取下主板后用毛刷轻轻地除去各部分的积尘，切忌用力过大、过猛，损坏主板。再就是防潮，潮湿会使主板电路腐蚀，或造成电路短路，主板变形，所以一定不要将电脑放置在潮湿的环境中。

图 14-11　主板的维护

提示：

> 除了以上硬件设备外，电脑的其他硬件同样需要维护，如电源等，这些硬件也需要定期进行维护。

14.3　磁 盘 维 护

电脑硬盘经过长时间的使用，其分区会出现一些垃圾文件或产生一些错误。此时，可以通过磁盘清理、磁盘检查和磁盘碎片整理等方式来处理。下面将分别对其进行介绍。

14.3.1　磁盘清理

在使用电脑的过程中，会产生大量的垃圾文件和临时文件，它们将会占用大量的系统资源和磁盘空间。这时可使用系统自带的磁盘清理程序将其删除，确保系统的"干净"。

【例 14-1】　清理电脑 E 盘中不需要的文件。

（1）双击桌面上的"我的电脑"图标，打开"我的电脑"窗口，在需要进行磁盘清理的盘符上单击鼠标右键，这里选择 E 盘，在弹出的快捷菜单中选择"属性"命令，可打开如图 14-12 所示的"本地磁盘（E:）属性"对话框，在其中单击 磁盘清理① 按钮。

（2）系统会自动查找所选磁盘上的垃圾文件和临时文件，并打开如图 14-13 所示的对话框，其中显示了可以删除的垃圾文件和临时文件列表，在"要删除的文件"列表框中选择要删除的文件类型。

图 14-12 "选择驱动器"对话框

图 14-13 选择要清理的文件

（3）单击 确定 按钮，打开删除提示对话框，单击其中的 是(Y) 按钮即可进行清理操作。

14.3.2 检查磁盘

当电脑出现死机、保存的文件不能正常打开、系统启动缓慢或系统频繁出错等故障时，可使用磁盘检查程序对磁盘存在的逻辑错误进行检测和修复以排除故障。

【例 14-2】 检查 D 盘的错误。

（1）打开"我的电脑"窗口，在需要进行检查的磁盘图标上，如在系统盘上单击鼠标右键，在弹出的快捷菜单中选择"属性"命令。

（2）打开该磁盘的属性对话框，单击"工具"选项卡，再单击"查错"栏中的 开始检查(C)... 按钮，如图 14-14 所示。

（3）在打开的"检查磁盘 本地磁盘（D:）"对话框中设置系统在检测过程中要完成的任务，可以同时选中 自动修复文件系统错误(A) 和 扫描并试图恢复坏扇区(N) 复选框，使其在进行磁盘检测的过程中自动修复文件系统的错误和已损坏的扇区。

（4）单击 开始(S) 按钮，如图 14-15 所示，系统开始扫描磁盘并修复错误。

图 14-14 单击"开始检查"按钮

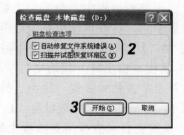

图 14-15 设置磁盘检查选项

（5）扫描结束后，系统将打开一个对话框提示扫描完毕，单击 确定 按钮将其关闭。

14.3.3　磁盘碎片整理

在使用电脑的过程中，经常会进行大量文件的复制、粘贴、删除和移动操作，往往会在硬盘中形成不连续的存储碎片，这不仅会降低磁盘的读写效率，而且过多的无用碎片还会占用磁盘空间。使用系统自带的磁盘碎片整理程序可对这些碎片进行调整，使其变为连续的存储单元，以提高系统对磁盘的访问效率。

【例 14-3】　整理 E 盘的磁盘碎片。

（1）双击桌面上的"我的电脑"图标，打开"我的电脑"窗口，在要进行磁盘碎片整理的盘符上单击鼠标右键，这里选择 E 盘，在弹出的快捷菜单中选择"属性"命令。在打开的"本地磁盘（E:）属性"对话框中选择"工具"选项卡，如图 14-16 所示。

（2）单击 开始整理(D)… 按钮，打开如图 14-17 所示的"磁盘碎片整理程序"窗口。

图 14-16　"工具"选项卡

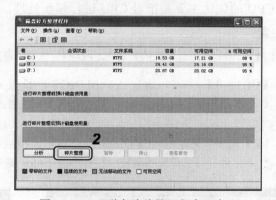

图 14-17　"磁盘碎片整理程序"窗口

（3）单击 碎片整理 按钮，系统开始对该磁盘进行分析，然后自动进行碎片整理，并显示整理前后的磁盘使用量及进度，如图 14-18 所示。

（4）整理完毕后，系统将打开如图 14-19 所示的对话框，单击 关闭(C) 按钮返回"磁盘碎片整理程序"窗口，还可再选择其他需要整理的磁盘分区进行相同操作。

图 14-18　进行磁盘碎片整理

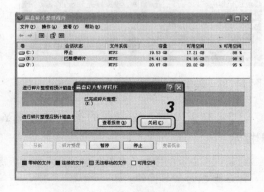

图 14-19　完成碎片整理

在对磁盘进行碎片整理的过程中，不能使用正在整理的磁盘分区中的任何程序或文件，即不能对该分区进行任何读写操作，在进行磁盘碎片整理前还应关闭屏幕保护程序、定时任务等可能在磁盘碎片整理过程中自动运行的程序。

14.4　电脑常见硬件的优化

一些电脑发烧友，经常会对电脑的硬件进行优化，以最大限度地发挥硬件的性能，如对 CPU 进行超频、主板和内存的优化等。下面将分别对这些硬件的优化进行讲解。

14.4.1　CPU 的优化

CPU 的优化主要是指对 CPU 进行超频处理，主板的 BIOS 设置提供了 CPU 超频功能。

⌂注意：

CPU 超频是指通过人为的方式将 CPU 的工作频率提高并让它在高于其额定的频率状态下稳定工作。

【例 14-4】　在 Phoenix-Award BIOS 中设置 CPU 的超频。

（1）启动电脑，按 Delete 键直到进入 BIOS 主设置界面，选择 Frequency/Voltage Control 选项，如图 14-20 所示。

（2）选择 CPU Host/3V66/PCI Clock 选项后按 Enter 键，在打开的对话框中选择超频幅度，这里选择 140/75/38MHz 选项并按 Enter 键确认设置，如图 14-21 所示。

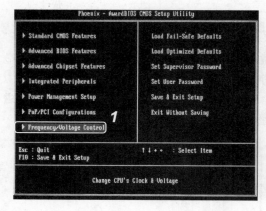

图 14-20　选择 Frequency/Voltage Control 选项

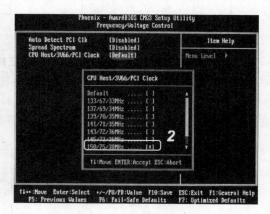

图 14-21　设置超频幅度

（3）按 F10 键，在打开的提示框中按 Y 键，并按 Enter 键，保存并退出 BIOS。

🔊提示：

目前许多主流的主板厂商都为自己开发的主板提供了相应的 CPU 超频软件，用户可通过使用这些软件进行 CPU 超频操作。

14.4.2 主板的优化

对电脑主板优化不仅可使电脑运行得更稳定，还能再提升其他硬件设备的性能。下面将讲解通过在 BIOS 中设置缓存的优化和加快开机速度的方法来实现主板的优化。

1．优化缓存

CPU 中提供了缓存功能使其更好的发挥处理性能，在 BIOS 中，用户可启用 CPU 的缓存。

【例 14-5】 在 BIOS 中设置启用 CPU 的缓存。

（1）启动电脑，按 Delete 键直到进入 BIOS 主设置界面，选择 Advanced BIOS Features 选项，如图 14-22 所示。

（2）在打开的界面中选择 CPU L1&L2 Cache 选项，按 Enter 键，在打开的窗口中选择 Enabled 选项启用 CPU 的缓存，如图 14-23 所示。

（3）按 F10 键，在打开的提示框中按 Y 键，并按 Enter 键，保存并退出 BIOS，电脑将自动重新启动，设置完成。

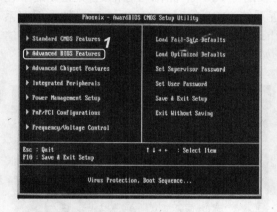

图 14-22 选择 Advanced BIOS Features 选项

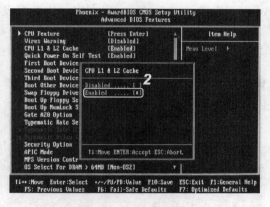

图 14-23 启用 CPU 缓存

2．加快电脑自检的速度

电脑在启动时会自检硬件设备的属性信息，用户可在 BIOS 中调整电脑的自检方式，使自检选项减少以缩短自检时间，从而达到快速启动电脑的目的。

【例 14-6】 在 BIOS 界面中设置加快电脑自检的速度。

（1）启动电脑，按 Delete 键进入 BIOS 主设置界面，并选择 Advanced BIOS Features 选项，如图 14-24 所示。

（2）在打开的界面中选择 Quick Power On Self Test 选项，按 Enter 键，在打开的窗口中选择 Enabled 选项加快自检速度，如图 14-25 所示。

（3）按 F10 键，在打开的提示框中按 Y 键，保存并退出 BIOS 的设置 BIOS。

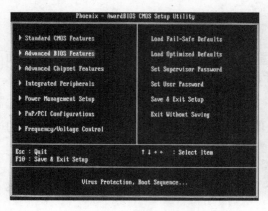

图 14-24　选择 Advanced BIOS Features 选项

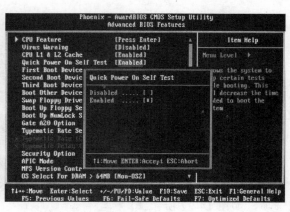

图 14-25　加快电脑自检速度

14.4.3　内存的优化

　　内存优化即主板中的 BIOS 优化，在主板的 BIOS 中优化内存的选项主要集中在 Advanced Chipset Features 界面中，主要可设置系统 BIOS 的所有指令是否可以加入缓存系统中、是否允许显存中的数据或指令通过 Cache 取得和内存在必要时可提供给显卡的存储空间的大小，通过设置达到优化内存的目的，如图 14-26 所示。

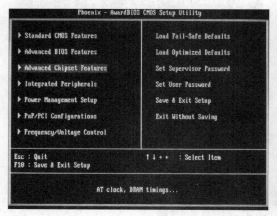

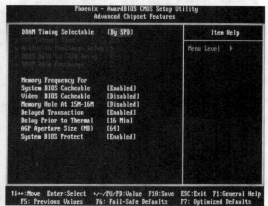

图 14-26　在 BIOS 中设置内存

14.4.4　应用举例——转移虚拟内存

　　Windows XP 会自动将虚拟内存保存到默认的系统盘中，在使用电脑时，虚拟内存会频繁地在磁盘中写入和删除数据，不可避免地会造成系统盘中的磁盘碎片增加，从而降低 Windows XP 的运行速度，因此，处理虚拟内存有助于提高系统的速度。下面将对转移虚拟内存的方法进行介绍。

操作步骤如下：

🔊**提示：**

> 虚拟内存是操作系统将内存中一部分暂未被使用的数据移动到某个特定的文件。

（1）在桌面上的"我的电脑"图标上单击鼠标右键，在弹出的快捷菜单中选择"属性"命令。

（2）在打开的"系统属性"对话框中单击"高级"选项卡。

（3）单击"性能"栏中的 设置(S) 按钮，打开"性能选项"对话框，单击"高级"选项卡，再单击"虚拟内存"栏中的 更改(C) 按钮。

（4）打开"虚拟内存"对话框，选中 无分页文件(N) 单选按钮，单击 设置(S) 按钮，如图 14-27 所示，将 C 盘中的虚拟内存文件删除，同时将清空上方列表框中 C 盘中的页面文件大小数据。

（5）在对话框上方的列表框中选择"E:[休闲]"选项，选中 自定义大小(C) 单选按钮，并在"初始大小"和"最大值"文本框中分别输入相应的数值，这里输入 768 和 1024。

（6）单击 设置(S) 按钮，如图 14-28 所示，输入的数值将添加到上方列表框中 E 盘的页面文件大小中。

（7）依次单击 确定 按钮，重新启动电脑即可。

🔊**提示：**

> 在"虚拟内存"对话框中，可看到当前在 C 盘中设置的虚拟内存的初始大小为 768MB、最大值为 1436MB，在其下方可看到系统推荐的大小为 765MB。

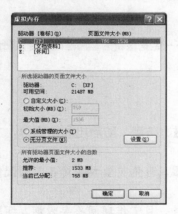

图 14-27　清除 C 盘页面文件

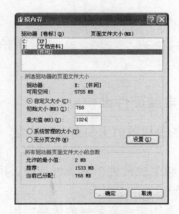

图 14-28　设置虚拟内存

14.5　上机及项目实训

14.5.1　电脑硬件的优化

电脑硬件的优化可以从 BIOS 设置、更新驱动程序等方面入手，本例将从这些方面对电脑硬件进行优化。

操作步骤如下：

（1）在启动计算机时，按 Delete 键（也可根据屏幕上的提示）进入 BIOS 设置菜单，如图 14-29 所示。在此界面中找到硬件对应的选项，将其性能的响应指标适当提高即可。

（2）在系统桌面上的"我的电脑"图标 上单击鼠标右键，在弹出的快捷菜单中选择"设备管理器"命令，打开如图 14-30 所示的窗口，在其中可更新硬件的驱动程序。

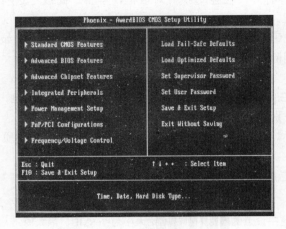

图 14-29　BIOS 设置　　　　　　　　图 14-30　驱动程序的更新

📢提示：

通常在更新硬件驱动程序时，要注意更新的驱动程序不一定是最新的，而是最适合该硬件的驱动程序。

14.5.2　电脑硬件维护

电脑的整机维护主要需做到防尘、防高温、防磁、防潮、防静电和防震等，主要操作步骤如下：

（1）将电脑放置于整洁的房间，并可套上防尘罩，避免灰尘太多对各电脑配件造成不良影响，如图 14-31 所示。

（2）周围应保留足够的散热空间，不要堆放杂物，且工作期间不要吸烟，烟雾对电脑的损坏也不可小看。

（3）电脑周围不要有强大磁场，音箱尽量不要放在显示器附近，也不要将信用卡等放在音箱上面。

（4）电脑如果长期不使用，应该切断电源，但要定期开机运行一下，驱除里面的潮气，或将其重要部件喷上保护层，如图 14-32 所示。

（5）电脑工作中不要搬运主机箱或使其受到震动，主要不能给硬盘带来震动。

图 14-31　电脑防尘

图 14-32　电脑防潮

14.6　练习与提高

（1）使用系统自带的工具进行磁盘清理、磁盘检查和磁盘碎片的整理。

提示：本练习可结合立体化教学中的视频演示进行学习（立体化教学:\视频演示\第 14 章\使用系统自带工具维护磁盘.swf）。

（2）对电脑的硬件设备进行清尘，注意不同设备的清理方法。

（3）为了更好地感受电脑性能的提高，适当地为电脑硬件进行优化，达到资源的最大化利用。

 **硬件维护及优化的注意事项**

本章主要学习了硬件的维护及其优化，须注意以下几点。

➤　在整理磁盘碎片的时候，不能进行其他操作，否则碎片的整理过程会十分缓慢。

➤　电脑在闲置的情况下，可以用防尘罩将其盖住，以尽量避免或减少灰尘进入电脑。

➤　在夏天最好不进行 CPU 的超频，以避免 CPU 因温度过高而导致死机。

第 15 章　操作系统的
维护和优化

学习目标

- ☑　删除操作系统中的临时文件、虚拟内存以及不常用的组件
- ☑　创建备份文件并掌握用 Ghost 备份和还原操作系统
- ☑　关闭多余的服务、取消多余的启动项

目标任务&项目案例

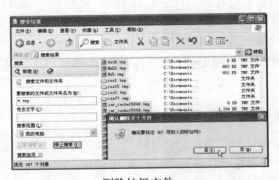

删除垃圾文件

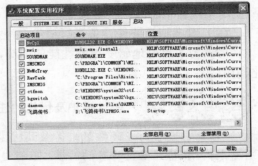

取消多余启动项

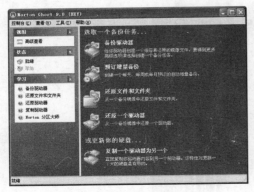

备份及还原系统

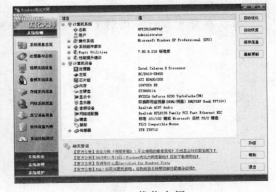

Windows 优化大师

　　电脑的软件维护包括操作系统和应用软件的维护，本章主要讲解电脑软件部分的日常维护以及操作系统的备份、还原和优化等操作。通过本章的学习，掌握操作系统的备份和还原以及常用软件的更新管理。

15.1　操作系统的维护

用户在安装或卸载软件的过程中，会产生一些垃圾文件，对电脑系统的影响非常大，因此需要经常对系统进行维护。

15.1.1　操作系统的日常维护

操作系统在使用过程中会产生大量的临时文件，这些临时文件会影响其运行的速度，同时系统中的虚拟内存和一些不常用的组件可以将其删除，这样可以节约系统空间，使系统保持"干净"且便于管理。下面将分别对其进行讲解。

1．删除系统垃圾文件

使用操作系统过程中产生的垃圾文件，用户可以搜索出这些垃圾文件，然后将其删除。下面以删除电脑中的.tmp 文件为例进行讲解。

◀》提示：

> 系统中的垃圾文件主要包括临时文件（﹡.tmp、﹡_mp）、临时备份文件（﹡.bak、﹡.old 和﹡.syd）、临时帮助文件（﹡.gid）、安装临时文件（﹡.---、mscreate.dir）、磁盘检查数据文件（﹡.chk）以及﹡.dir、﹡.dmp、﹡.nch 等其他临时文件。

【例 15-1】　删除电脑中的.tmp 文件。

（1）双击桌面上的"我的电脑"图标，打开"我的电脑"窗口，单击按钮，在窗口左侧打开"搜索"窗格，如图 15-1 所示。

（2）在窗口左侧的"要搜索的文件和或文件夹名为"的文本框中输入要查找文件的后缀名，这里输入﹡.tmp，然后单击 立即搜索(S) 按钮，如图 15-2 所示。

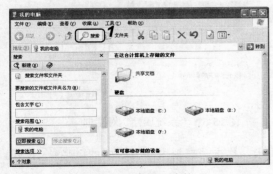

图 15-1　"搜索"窗格

图 15-2　搜索文件

（3）系统将搜索到的结果显示在右侧窗格中，如图 15-3 所示。

（4）将右侧窗格中的所有文件选中，按 Delete 键，打开"确认删除多个文件"对话框，单击 是(Y) 按钮，如图 15-4 所示。

📢**提示：**

系统的垃圾文件只能尽量清除，无法避免。用户在使用电脑时就会产生垃圾文件，使用电脑保持良好的使用习惯可大大减少垃圾文件的数量。

图 15-3　搜索结果

图 15-4　删除搜索到的文件

2．删除虚拟内存文件

Windows 操作系统中的虚拟内存在物理内存不够用时才会用到。由于如今电脑配置的物理内存都普遍较大，虚拟内存也就失去了作用，可以将其删除。

【**例 15-2**】　删除系统中的虚拟内存。

（1）在"我的电脑"图标 上单击鼠标右键，在弹出的快捷菜单中选择"属性"命令，如图 15-5 所示，打开"系统属性"对话框。

（2）在打开的对话框中单击"高级"选项卡，单击"性能"栏中的 设置(S) 按钮，如图 15-6 所示，打开"性能选项"对话框。

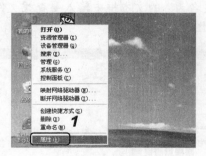

图 15-5　选择"属性"命令

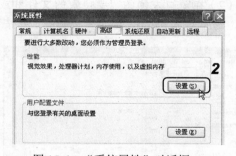

图 15-6　"系统属性"对话框

（3）在打开的对话框中单击"高级"选项卡，单击"虚拟内存"栏中的 更改(C) 按钮，如图 15-7 所示，打开"虚拟内存"对话框。

（4）在打开的对话框的"所选驱动器的页面文件大小"栏中选中 ⊙无分页文件(N) 单选按钮，然后单击该栏中的 设置(S) 按钮确认设置，再单击对话框中的 确定 按钮，如图 15-8 所示。

📢**提示：**

如果系统盘的剩余空间较大，可以保留虚拟内存文件或将虚拟内存的文件夹设置在其他的磁盘分区中。一般以将虚拟内存设置为物理内存的 2 倍大小为宜。

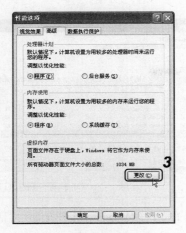

图 15-7　"性能选项"对话框

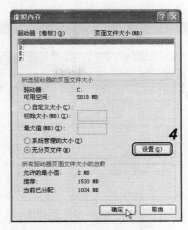

图 15-8　"虚拟内存"对话框

3．删除不常用的组件

在 Windows 系统中通常带有游戏、播放器等 Windows 组件，且这些组件并不经常用到。下面将以 Windows 自带的游戏组件为例进行讲解组件的删除。

【例 15-3】　删除游戏组件。

（1）选择"开始/控制面板"命令，如图 15-9 所示，打开"控制面板"窗口。

（2）在打开的窗口中双击 图标，如图 15-10 所示，打开"添加或删除程序"对话框。

图 15-9　选择"控制面板"命令

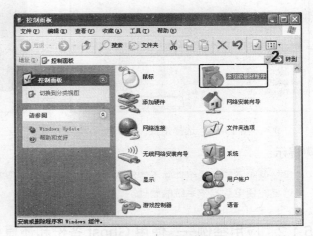

图 15-10　控制面板

（3）在打开的窗口中单击"添加/删除 Windows 组件"选项卡，如图 15-11 所示。打开"Windows 组件向导"对话框。

（4）在打开的对话框的"组件"列表框选择"附件和工具"选项，然后单击 详细信息(D)... 按钮，如图 15-12 所示，打开"附件和工具"对话框。

231

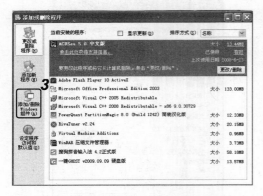
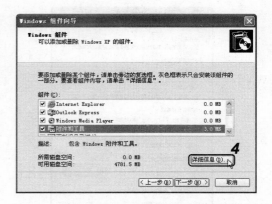

图 15-11　"添加删除程序"对话框　　　　图 15-12　"Windows 组件向导"对话框

（5）在打开的对话框中取消选中□游戏复选框，然后单击 确定 按钮，如图 15-13 所示。

（6）返回"Windows 组件向导"对话框，单击 下一步(N) > 按钮开始删除，完成删除后，在打开的对话框中单击 完成 按钮即可，如图 15-14 所示。

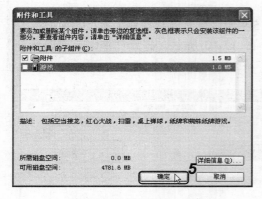
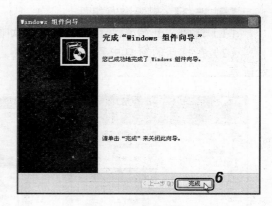

图 15-13　选择组件　　　　　　　图 15-14　完成删除

提示：

虽然删除不常用的组件并不能获得很大的硬盘空间，但对于从不使用的组件，还是应该将其清除，这样方便电脑操作系统的管理。

15.1.2　应用举例——使用 Ghost 备份和还原操作系统

现在操作系统占用内存大，安装时间也越来越长，一旦系统出现崩溃或被破坏，重装系统非常麻烦。因此在安装好操作系统以及常用的软件之后，应做好备份工作，防止意外损失。

Ghost 是一款用于备份和恢复系统的软件，当操作系统安装完成后，可安装并使用该软件将分区进行备份，生成备份文件，这样当系统出现问题时，就可以对分区进行恢复。一般情况下，只备份操作系统所在的分区。

1．创建备份文件

使用 Ghost 之前，要先确定系统中是否存在 Ghost 软件，如系统中没有 Ghost 软件，需先安装后才能使用，利用 Ghost 可以将整个分区备份，在系统出现问题或无法启动 Windows 时，可以使用镜像文件进行还原。

操作步骤如下：

（1）选择"开始/所有程序/Norton Ghost/Norton Ghost"命令，启动 Ghost，打开如图 15-15 所示的 Norton Ghost 9.0(HXY)对话框。

（2）在"选取一个备份任务"选项组中单击"备份驱动器"选项，打开如图 15-16 所示的"欢迎使用驱动器备份向导"对话框，单击 下一步(N) >> 按钮。

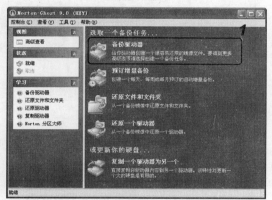

图 15-15　Norton Ghost 9.0(HXY)对话框

图 15-16　"欢迎使用驱动器备份向导"对话框

（3）在打开的对话框中选择要备份的驱动器，这里选择 C 盘，单击 下一步(N) >> 按钮，如图 15-17 所示。

（4）打开"备份位置"对话框，在"备份到"选项组中选中 ⊙本地文件(L) 单选按钮，在"用来存储备份镜像的文件夹"文本框中输入"F:\备份"，单击 下一步(N) >> 按钮，如图 15-18 所示。

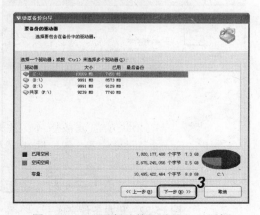

图 15-17　"要备份的驱动器"对话框

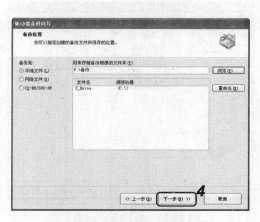

图 15-18　"备份位置"对话框

提示：

Ghost 会根据备份磁盘的盘符命名备份文件的文件名，如 C 盘的备份文件的文件名为 C_Driver，单击 重命名(R) 按钮，在打开的"重命名"对话框中可以修改备份文件的名称。

（5）在打开的"选项"对话框的"压缩"下拉列表框中可以选择镜像的压缩率，单击 下一步(N)>> 按钮，如图 15-19 所示。

（6）在打开的"正完成驱动器备份向导"对话框中单击 下一步(N)>> 按钮，如图 15-20 所示。

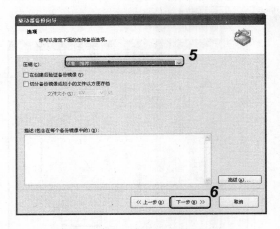

图 15-19　"选项"对话框

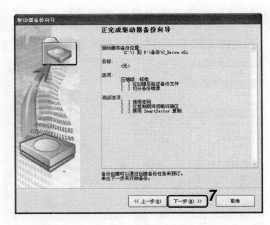

图 15-20　"正完成驱动器备份向导"对话框

提示：

单击"选项"对话框中的 高级(A)... 按钮，在打开的"高级选项"对话框中可以设置镜像文件的密码。

（7）Ghost 开始备份，如图 15-21 所示。完成后显示如图 15-22 所示的对话框，单击 关闭(C) 按钮完成整个磁盘的备份操作。

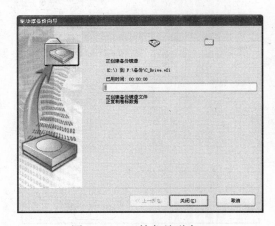

图 15-21　开始备份磁盘

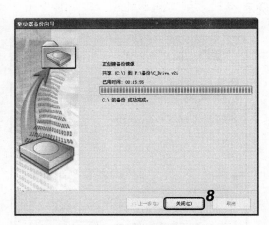

图 15-22　磁盘备份完成

2．还原系统分区

备份完操作系统后，如果在使用操作系统的过程中出现故障，则不能进入，这时就可以利用备份的映像文件进行恢复分区的操作。

操作步骤如下：

（1）启动 Ghost，在"选取一个备份任务"选项组中单击"还原一个驱动器"选项，即可打开如图 15-23 所示的"欢迎使用还原向导"对话框，单击 下一步⑩ >> 按钮。

（2）在打开"要还原的备份镜像"对话框的"还原从"栏中选中 ⊙本地文件⑴单选按钮，在"要还原的备份文件"文本框中输入备份文件所在位置，这里输入 F:\备份\C_Driver.v2i，如图 15-24 所示，单击 下一步⑩ >> 按钮。

图 15-23　"欢迎使用还原向导"对话框

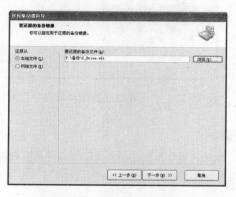

图 15-24　"要还原的备份镜像"对话框

📢提示：

如果操作系统出现严重故障无法启动时，可以使用 Ghost 的安装光盘启动电脑，启动后会自动运行 Recovery Disk，根据提示进行操作即可恢复磁盘分区。

（3）在打开的"还原目标"对话框中选择要还原的磁盘，如图 15-25 所示，单击 下一步⑩ >> 按钮。在打开的"还原选项"对话框中选中 ☑在还原前验证镜像文件⑵复选框，单击 下一步⑩ >> 按钮，如图 15-26 所示。

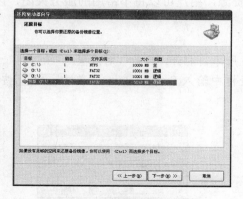

图 15-25　"还原目标"对话框

图 15-26　"还原选项"对话框

（4）在打开的如图 15-27 所示的"正完成还原驱动器向导"对话框中单击 下一步(N) >> 按钮，打开如图 15-28 所示的"还原驱动器向导"对话框，单击 是(Y) 按钮，即可开始还原分区，完成后单击 关闭(C) 按钮即可。

图 15-27 "正完成还原驱动器向导"对话框

图 15-28 提示对话框

💬提示：

除了将操作系统备份外，还可以使用系统自带的功能为系统创建还原点，必要时可以将系统还原到创建的还原点的状态。

15.2 操作系统的优化

用户对电脑操作系统优化的主要目是为了提高电脑的运行速度，这里以关闭多余的服务、取消多余的启动项和使用 Windows 优化大师优化系统为例进行讲解，下面分别进行介绍。

15.2.1 关闭多余的服务

开启 Windows XP 的服务功能会占用系统资源，用户可以将不常用的服务关闭，以提高电脑的性能。

【例 15-4】 关闭系统服务。

（1）选择"开始/运行"命令，如图 15-29 所示，打开"运行"对话框。

（2）在打开的对话框的"打开"下拉列表框中输入 Services.msc，单击 确定 按钮，如图 15-30 所示。

图 15-29 "运行"命令

图 15-30 "运行"对话框

（3）在打开的"服务"对话框右侧的列表框中双击 Distributed Link Tracking Client 选项，如图 15-31 所示。

（4）在打开对话框中的"启动类型"下拉列表框中选择"已禁用"选项，如图 15-32 所示，单击 确定 按钮即可关闭该服务。

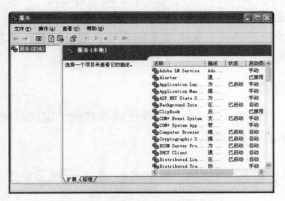

图 15-31　"服务"对话框

图 15-32　关闭服务

提示：

关闭其他服务的方法与关闭系统服务的方法相同，用户可根据实际情况进行操作。

15.2.2　Windows 优化大师

下载并安装 Windows 优化大师，安装后可选择"开始/所有程序/Wopti Utilities/Windows 优化大师"命令启动程序，在打开的"Windows 优化大师"主界面中可查看到系统信息，如图 15-33 所示。

图 15-33　Windows 优化大师主界面

Windows 优化大师各操作项的作用如下。

➥ **系统信息检测**："系统信息检测"选项卡中的"系统信息总揽"功能在其中可以查看当前系统的总体信息，单击"系统信息检测"栏中的其他选项可查看系统的一些硬件和软件信息，如 CPU 信息、内存信息等，可对系统的总体性能进行测试。

➥ **系统优化**：系统优化可通过自动优化向导或系统设置选项，对系统进行全方位的优化服务，提高电脑的运行速度。在"Windows优化大师"窗口左侧的窗格中单击"系统优化"选项卡可展开该栏，在其中单击相应的功能项即可对磁盘缓存、开机速度及系统个性化设置等进行优化。

➥ **系统清理**：系统清理功能可以快速安全地扫描、分析及清除系统中的无用"垃圾"，减少磁盘空间的占用，提高电脑运行速度。

➥ **系统维护**：因死机、非正常关机等原因会使电脑出现系统故障和硬盘坏道，此时可对其进行诊断和修复，可用系统磁盘医生对系统进行诊断和修复。

15.2.3 应用举例——取消多余的启动项

在进入操作系统时，系统将自动加载一些程序，但启动这些程序需要花费一定的时间，因此用户可将一些不常用的启动项取消以提高开机时间。

操作步骤如下：

（1）在"运行"对话框的"打开"下拉列表框中输入 msconfig，单击 确定 按钮，如图15-34所示。

（2）在打开的"系统配置实用程序"对话框中单击"启动"选项卡，在其列表框中取消选中需要关闭的启动项前的复选框，如图15-35所示，依次单击 确定 按钮并重启电脑即可。

图 15-34 打开"运行"对话框

图 15-35 关闭启动项

15.3 上机及项目实训

15.3.1 使用 Windows 优化大师优化系统

操作系统的优化非常重要，用户在使用电脑过程中会产生大量的垃圾文件，还可能因为系统的一些设置不合理，造成系统的整体性能下降，本例将使用 Windows 优化大师对操作系统进行优化，使其运行速率提高。

操作步骤如下：

（1）在主界面左侧的窗格中单击"系统优化"选项卡，在展开的功能项中选择"磁盘缓存优化"选项。

（2）将"输入/输出缓存大小"下的滑块拖动到最右端，将"内存性能配置"下的滑块拖动到中间位置，如图 15-36 所示，单击 优化 按钮即可。然后单击 内存整理 按钮，打开如图 15-37 所示的对话框，单击 快速释放 按钮就可以释放出内存空间。

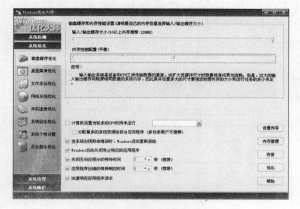

图 15-36　磁盘缓存优化

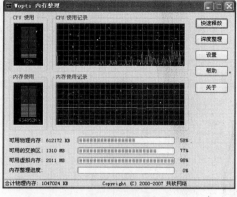

图 15-37　内存整理

（3）在"系统清理"选项卡中选择"磁盘文件管理"选项。在右侧的界面中保存默认设置不变，单击 扫描 按钮开始扫描其中的垃圾文件。待扫描完成后，扫描结果如图 15-38 所示，单击 全部删除 按钮进行删除。

（4）在"系统优化"选项卡中选择"开机速度优化"选项。在右侧界面的"启动信息停留时间"栏中，将停留时间设置为 5 秒，以缩短启动信息的显示时间。

（5）在"请勾选开机时不自动运行的程序"列表框中显示了当前开机时会自动启动的应用程序，选中开机时不自动启动的程序前面的复选框，此时在状态栏中会建议是否删除，单击 优化 按钮，如图 15-39 所示。

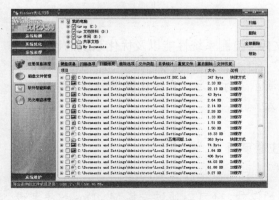

图 15-38　磁盘文件管理

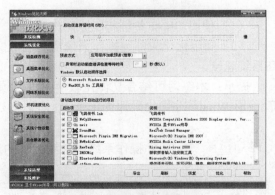

图 15-39　开机速度优化

15.3.2　创建系统还原点

本例将为操作系统创建还原点，以便电脑在出现问题时能快速的将各硬盘分区还原回备份前的状态，减少维护电脑所用的时间。

本练习可结合立体化教学中的视频演示进行学习（立体化教学:\视频演示\第 15 章\创建系统还原点.swf），主要操作步骤如下：

（1）选择"开始/所有程序/附件/系统工具/系统还原"命令，打开"欢迎使用系统还原"对话框，如图 15-40 所示，在打开的对话框中选中 ⊙创建一个还原点(E) 单选按钮，单击 下一步(N) >> 按钮。

（2）在打开的对话框中输入描述信息，单击 创建(R) 按钮，如图 15-41 所示。

（3）这时系统提示还原点已创建，单击 关闭(C) 按钮。

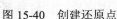
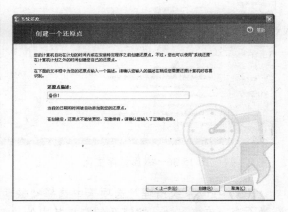

图 15-40　创建还原点　　　　　　图 15-41　输入还原点描述

🔔注意：

利用还原点恢复系统的操作与备份系统的操作相似，只需要在向导中选择相应的恢复选项即可。

15.4　练习与提高

（1）使用 Ghost 备份和还原操作系统。

（2）利用优化大师为操作系统清理垃圾文件、检测系统性能以及优化系统的设置，提高系统速度。

提示：本练习可结合立体化教学中的视频演示进行学习（立体化教学:\视频演示\第 15 章\使用 Windows 优化大师优化系统.swf）。

操作系统维护和优化的注意事项

本章主要介绍了操作系统的维护和优化，学习中要注意以下几点。

🔖　Ghost 软件有多个版本，除前面讲到的以外，还可以通过安装 MacDos 程序来进入 Ghost，进行备份和还原操作系统。

🔖　使用 Windows 优化大师优化系统时，注意在清理注册表时要关闭其他窗口，防止发生故障。

第 16 章　　电脑的安全防护

学习目标

- ☑ 使用 360 杀毒软件查杀电脑病毒
- ☑ 设置网络防火墙防止黑客攻击
- ☑ 设置 Internet 安全级别并更新系统漏洞

目标任务&项目案例

360 杀毒软件

天网防火墙

使用 360 安全卫士修复漏洞

设置 Internet 安全级别

　　电脑病毒侵扰会使操作系统运行速度减慢，降低工作效率，干扰系统对正常数据的存储，破坏用户文件。为了保护自己的电脑，避免其中的资料被破坏，就需要对电脑病毒进行防治。本章将重点介绍电脑病毒以及网络安全方面的知识，同时这也是电脑维护的重要内容。

16.1 电脑病毒的防治

为了能够有效地对电脑病毒进行防治，首先要认识电脑病毒，了解电脑病毒的特点、传播途径和攻击方式等知识，这样才能做到有的放矢，有效地防治电脑病毒。

16.1.1 电脑病毒概述

电脑病毒是一种具有破坏电脑功能或数据、影响电脑使用并且能够自我复制传播的电脑程序代码。它常常寄生在系统启动区、设备驱动程序以及一些可执行文件内。电脑病毒几乎可以嵌入到任何应用程序中，并能利用系统资源进行自我复制传播，破坏电脑系统。

16.1.2 电脑病毒的特点

电脑病毒的特点决定了其严重的危害，只有了解其病毒的特点，才能有针对性地进行防范。下面将分别对其特点进行介绍。

- **破坏性**：电脑病毒破坏系统主要表现为占用系统资源、破坏数据、干扰运行或造成系统瘫痪，有些病毒甚至会破坏硬件，如 CIH 病毒可以攻击 BIOS，破坏硬件。
- **传染性**：当对磁盘进行读/写操作时，病毒程序便会将自身复制到被读写的磁盘中或其他正在执行的程序中，使其快速扩散，因此传染性极强。
- **隐蔽性**：当病毒处于静态时，往往寄生在软盘、光盘或硬盘的系统占用扇区里或某些程序文件中。有些病毒的发作具有固定的时间，若用户不熟悉操作系统的结构、运行和管理机制，便无法判断电脑是否染了病毒。另外电脑病毒程序几乎都是用汇编语言编写的，一般都很短，大小仅为 1KB 左右，所以比较隐蔽。
- **潜伏性**：病毒一般有一段时间的潜伏期，电脑被病毒感染后，病毒往往不会立即发作，而是像一颗定时炸弹一样，等到条件成熟时才发作。

16.1.3 电脑病毒的分类

电脑病毒可以寄生在电脑中的很多地方，如硬盘引导扇区、磁盘文件、电子邮件和页等。按电脑病毒寄生场所的不同，可将其分为以下几类。

- **引导区病毒**：这类病毒的攻击目标主要是软盘和硬盘引导扇区，当系统启动时它就会自动加载到内存中，并常驻内存，而且极不容易被发现。
- **宏病毒**：指利用宏语言编制的病毒。
- **文件病毒**：这类病毒的主要感染目标为普通文件或可执行文件等。
- **Internet 语言病毒**：一些用 Java、VB 和 ActiveX 等语言撰写的病毒。

不同的电脑病毒对电脑的破坏程度是不一样的，从对电脑的破坏程度来看，又可以将电脑病毒分为良性病毒和恶性病毒两大类，分别如下。

- **良性病毒**：不会对磁盘信息、用户数据产生破坏，只是对屏幕产生干扰或使电脑的运行速度大大降低，如毛毛虫、欢乐时光病毒等。
- **恶性病毒**：会对磁盘信息、用户数据产生不同程度的破坏。这类病毒大多在产生破坏后才会被用户所发现，有着极大的危害性，如大麻、CIH 病毒等。

16.1.4　电脑病毒的攻击方式

电脑病毒具有多种攻击破坏电脑的方式，其攻击能力主要取决于病毒制作者的主观愿望和他所具有的技术能力。根据已有电脑病毒资料的记录，可以将电脑病毒按攻击目标和破坏程度进行分类。

1．根据攻击目标分类

电脑病毒的攻击目标主要有内存、磁盘、系统数据、文件和 CMOS 等，分别如下。

- **攻击内存**：内存是电脑的重要组成部分，其作用非常大。在电脑运行时，它负责 CPU 与外围设备之间的通信与数据传输。因此，它是电脑病毒主要的攻击目标之一，电脑病毒将占用大量的系统内存空间，导致程序的运行受阻，甚至引起死机。

- **攻击文件**：病毒攻击文件的方式主要有修改、删除、改名、替换内容等，还有使部分程序代码丢失、文件内容颠倒、文件簇丢失、写入时间空白、文件变成碎片和假冒文件等。

- **攻击系统数据**：系统数据主要有硬盘主引导扇区、Boot 扇区、FAT 表、文件目录等数据，这些都是病毒的攻击对象，这些数据非常重要，丢失后很难恢复。

- **攻击 CMOS**：在电脑主板的 CMOS 芯片中保存着系统的重要数据 BIOS，其中包括系统时钟、磁盘类型和存容量等基本硬件信息。有的病毒能够对 CMOS 芯片进行写入操作，破坏系统 BIOS 数据。一旦 BIOS 数据被毁，电脑将不能启动或不能正常查找硬件信息供操作系统调用。

- **攻击磁盘**：病毒攻击磁盘数据时会造成数据丢失、不写盘、写操作变读操作和写盘时丢失字节等。

2．根据破坏程度分类

根据病毒的破坏程度，可将病毒分为干扰系统正常运行、影响电脑运行速度、扰乱屏幕显示、影响键盘和鼠标、发出噪声和干扰打印机等几种，分别如下。

- **干扰系统正常运行**：当电脑感染了病毒之后，有的病毒会干扰系统的正常运行，如不执行命令、中止内部命令的执行、打不开文件、缓冲区溢出、占用特殊数据区、时钟倒转、自动重启、死机、强制游戏以及扰乱串并行口等。

- **影响电脑运行速度**：有的病毒内部有时间延迟程序，当被激活后，电脑就会忙个不停，好像拉磨的驴子，始终在那儿绕圆圈而止步不前，轻则系统运行效率明显下降，重则死机。

- **扰乱屏幕显示**：病毒扰乱屏幕显示的方式很多，主要有字符跌落、环绕、倒置、显示前一屏、光标下跌、滚屏、抖动以及乱写等。

- **影响键盘和鼠标**：病毒干扰键盘和鼠标操作，已发现的方式有响铃、换字、抹掉缓存区字符、重复、输入紊乱、键盘和鼠标停止响应等。

- **发出噪声**：许多病毒运行时，会使电脑的喇叭发出响声。有的病毒制作者让病毒演奏旋律优美的世界名曲，然后在不知不觉中将硬盘格式化；有的病毒制作者通过喇叭发出种种声音。已发现的方式有演奏曲子、警笛声、炸弹声、鸣叫、咔咔声、嘀嗒声等。

➡ **干扰打印机**：使打印机出现假报警、间断性打印、更换字符等现象。

16.1.5 电脑病毒的防治

电脑病毒的防治技术是众多电脑技术人员在长期与电脑病毒的较量中逐渐发展起来的。总的来讲，电脑病毒的防治技术分为病毒的预防、病毒的检测、病毒的清除和病毒的免疫4个方面。由于病毒的免疫防治技术目前还没有通用的方法发展较慢之外，其他3项技术都已经有了较快的发展。

1．电脑病毒的预防

电脑病毒的预防是通过阻止电脑病毒进入系统内存或阻止电脑病毒对磁盘的操作（尤其是写操作）进行破坏，来达到保护系统的目的，包括对已知病毒的预防和对未来病毒的预防两个部分。对已知病毒的预防可以采用特征判定技术或静态判定技术；对未知病毒的预防则是一种行为规则的判定技术即动态判定技术，主要包括磁盘引导区保护、加密可执行程序、读写控制技术和系统监控技术等。

2．电脑病毒的检测

电脑病毒的检测是通过对系统中的内存、磁盘引导区和磁盘上的文件进行全面的检测，以判断电脑是否感染病毒的一种技术。电脑病毒的检测方法主要有以下两种。

➡ **根据电脑病毒的特征判断**：根据电脑病毒程序中的关键字、特征程序段的内容、病毒特征及传染方式和文件长度的变化等特征进行检测。

➡ **根据指定的程序或数据是否被改变判断**：这种方法不针对病毒程序自身，而是对某个文件或数据段通过特定的算法进行计算并保存结果，再定期或不定期的对该文件或数据段进行校验，如果出现差异，则表示该文件或数据段的完整性已遭到破坏，从而判断病毒的存在。

现在电脑病毒的检测技术已相当成熟，不仅能够对多个驱动器、上千种病毒进行自动扫描检测，而且还能够在不解压的情况下检测压缩文件内的病毒。

3．电脑病毒的清除

电脑病毒的清除是电脑病毒检测的延续，是在检测到特定的电脑病毒的基础上，根据该电脑病毒的清除方法从被感染的程序中清除电脑病毒代码并恢复程序的原有数据和结构。它是电脑病毒感染程序的逆过程，只要电脑病毒没有进行破坏性的覆盖式写盘操作，就可以将电脑系统中的病毒清除。

4．电脑病毒的免疫

电脑病毒的免疫目前还没有什么发展。只针对某一特定电脑病毒的免疫方法没有任何实际意义，而能够对各种病毒都有免疫作用的通用免疫技术到目前为止还没有被研究出来。现在，某些反病毒程序可以给可执行程序增加一个保护性外壳，能在一定程度上起到保护作用，但已经有能突破这种保护性外壳的病毒出现。

16.1.6　应用举例——在电脑中安装 360 安全卫士防御木马

在电脑系统中安装 360 安全卫士，可以有效地防御木马进入操作系统破坏系统文件。下面将对在系统中安装 360 安全卫士开启防护进行讲解，操作步骤如下：

（1）在 360 官方网站中下载 360 安全卫士的安装程序并将其安装。

（2）安装完成后，启动 360 安全卫士，在桌面右下角单击其活动图标，打开主界面，单击"木马防火墙"按钮，如图 16-1 所示。

（3）在打开"360 木马防火墙"主界面中单击"系统防护"选项卡，开启需要的各种网络防火墙，如图 16-2 所示。

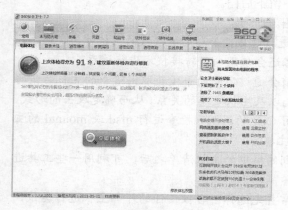

图 16-1　启动 360 安全卫士

图 16-2　设置系统防护

（4）单击"应用防护"选项卡，在"功能设置"栏中单击不同的选项卡，在右侧设置桌面图标、输入法和浏览器的防护选项，如图 16-3 所示。

（5）单击"设置"选项卡，在其中设置木马防火墙的弹窗模式、免打扰模式和驱动拦截修复，单击 保存 按钮，如图 16-4 所示。

图 16-3　设置应用防护

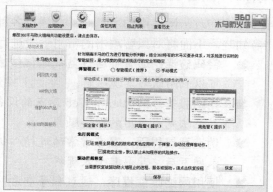

图 16-4　设置木马防火墙

16.2   黑客攻击的防治

在网络上除了病毒会对电脑造成危害之外，黑客攻击也是用户要防范的危害之一。因此，用户需掌握防止黑客攻击的方法，下面将对黑客的相关知识进行介绍。

16.2.1   黑客攻击的方法

黑客进行攻击时会将自身的信息进行隐藏，其攻击的方法很多，在对电脑进行攻击之前需做探测网络、搜集相关资料等准备工作。攻击时则可对收集到有漏洞的网络主机实施攻击。黑客攻击目标后，大多还会在该对象中留下后门。

下面将对黑客的攻击过程进行简单的介绍。

- **隐藏位置**：指黑客对自身的 IP 地址进行隐藏，如利用被侵入的主机作为跳板，让被入侵者难以追踪。除此之外，黑客还会使用电话转接技术进行迷惑。
- **探测网络并搜集资料**：黑客在攻击前会通过不同的手段获取网络中的主机名，再根据获取的信息推断整个网络的布局以及主机之间的关系，从而确定攻击的形式。
- **找出被信任的主机**：黑客可通过利用 CGI 的漏洞和检查运行 nfsd 或 mountd 的主机的 NFS 输出等方式找到被信任的主机。
- **找出有漏洞的网络成员**：黑客在得到网络中的主机清单之后，可利用一些工具进行扫描，找到存在漏洞的主机。
- **利用漏洞**：利用漏洞侵入网络，通常首先选择一台被信任的外部主机进行尝试，如果成功侵入，将以该主机为出发点侵入其他主机。
- **获取控制权**：黑客侵入电脑后，会安装一些后门程序以便以后再次进入，在确认自身安全性之后，就开始侵入整个网络。
- **窃取网络资源和特权**：攻击成功后，黑客将进行下载机密信息、攻击其他被信任的主机和网络并使整个网络瘫痪等。

16.2.2   黑客攻击的常见手段

黑客在攻击网络中的主机时，会通过各种各样的方法来实现攻击的目的，且不让被攻击者知晓。下面将对黑客攻击的常用手段进行介绍。

- **密码破译**：通常可通过监视通信信道上的密码数据包，破解密码的加密形式，这可以利用软件实现破解。
- **拒绝服务**：批量地向 Web 站点的设备发送信息请求，使站点系统发生堵塞，造成其无法完成应用的网络服务。
- **伪造登录界面**：黑客常常通过精心伪造的登录界面，使用户在输入账户和密码登录网页后，获取其个人资料。
- **使用网络嗅探程序**：通过程序查看网络中的数据包，捕获口令或全部内容。如用户输入的账号和密码等。
- **直接侵入**：对于技术较高的黑客，可通过分析 DNS 从而直接获取 Web 服务器主机的 IP 地址，完成侵入操作。

16.2.3　天网防火墙对黑客攻击的防御

网络防火墙能根据用户设定的规则对网络提供强大的访问控制、信息过滤等功能，保障用户电脑的网络安全。防止黑客攻击的有效方法是安装网络防火墙软件。这里以天网防火墙软件进行讲解。

1．应用程序规则设置

在天网防火墙中可设置应用程序规则，包括普通和高级设置。下面将分别进行介绍。

（1）普通应用程序规则设置

应用程序数据传输封包的底层分析拦截可通过天网防火墙实现，在其运行的情况下，任何只要有通讯传输数据包发送和接收的动作的应用程序，都将被其截获并分析，同时会在弹出的窗口中向用户询问是否允许该应用程序访问网络。

（2）高级应用程序规则设置

用户可为天网防火墙进行高级应用程序规则设置，使其防御更有针对性，更有效地保护电脑系统安全，在电脑中下载并安装天网防火墙，然后将其启动。

【例 16-1】　设置高级应用程序规则。

（1）单击天网防火墙的主界面中工具栏中的"应用程序规则"图标，在需要进行设置的应用程序规则右侧单击其对应的 选项 按钮，如图 16-5 所示。

（2）在打开的"应用程序规则高级设置"对话框中可进行详细设置，设置完成后单击 确定 按钮，如图 16-6 所示。

图 16-5　启用设置

图 16-6　高级设置

2．监控网络和查看日志

在天网防火墙中，单击主界面中工具栏中的图标，即可查看网络监控状态，如图 16-7 所示，系统将会把所有不合规则的数据传输封包拦截并且记录。

除此之外，用户还可以通过单击工具栏中的图标查看监控日志，如图 16-8 所示，通过查看可以了解网络的状态。

图 16-7　监控网络　　　　　　　　　　图 16-8　查看日志

提示：

> 通过监控网络，用户能够了解到所有开放端口连接的应用程序及他们使用的数据传输通信协议。

3．断开和接通网络

在天网防火墙主界面中，单击"接通/断开网络开关"图标可对网络连接状态进行控制，利用这种方法在遇到黑客频繁攻击的时候可即时断开网络，方便且快捷，这与拔出网线的效果相同。

16.2.4　应用举例——使用网络防火墙防止黑客攻击

对天网防火墙进行系统设置，以更加全面地对电脑进行保护，而不受黑客的攻击。

操作步骤如下：

（1）安装天网防火墙重启电脑后系统将运行设置向导，在"基本设置"选项卡中，选中 开机后自动启动防火墙 复选框，如图 16-9 所示。

（2）单击"管理权限设置"选项卡，在"密码设置"栏中单击 设置密码 按钮，在打开的对话框中输入要设置的密码，然后依次单击 确定 按钮结束设置，如图 16-10 所示。

图 16-9　设置开机自动启动　　　　　　图 16-10　设置密码

提示：

在安装完防火墙软件并重启之后，系统会运行设置向导，用户可根据向导的提示进行一些简单的设置。

16.3　网络安全设置

病毒的传播和黑客的攻击主要是通过网络进行，在浏览网页或接收电子邮件的过程中，电脑经常会出现被电脑病毒感染的情况。因此，网络安全的设置是非常必要的，这样能减少病毒和黑客对电脑的侵犯。

16.3.1　安全级别设置

在天网防火墙中可对其保护系统的安全级别进行设置，在其主界面中选中相应的单选项即可，如图 16-11 所示。下面将对相应的安全级别分别进行介绍。

图 16-11　设置安全级别

- **低：** 该级别表示电脑将完全信任局域网，允许局域网内部的机器访问各种服务，但禁止互联网上的机器访问这些服务，适用于局域网用户。
- **中：** 该级别表示局域网内部的机器只允许访问文件、打印机共享服务。使用动态规则管理，允许授权运行的程序开放的端口服务，适用于普通个人上网用户。
- **高：** 选择该级别除了已经被认可的程序打开的端口外，系统还会屏蔽掉向外部开放的所有端口，这也是最严密的安全级别。
- **扩展：** 该级别适用于需要频繁试用各种新的网络软件和服务，又需要对木马程序进行足够限制的用户。
- **自定义：** 该级别适用于对网络有一定了解并需要自行设置规则的用户。但如果设置规则不正确会导致无法访问网络。

提示：

在天网防火墙中，如果用户选择了某一种预设的安全级别设置天网防火墙，将屏蔽掉其他安全级别里的规则。

16.3.2　邮件安全设置

在接收电子邮件时，常常会收到各种垃圾邮件，其中通常都可能隐藏有电脑病毒。为解决这个问题，可以在邮件收发软件（如 Foxmail）中设置过滤垃圾邮件的功能，即过滤条件的设置，使程序自动删除一些可疑的邮件，接收安全的邮件，从而避免遭到垃圾邮件和病毒邮件的侵害。

16.3.3 应用举例——为 Internet 中的区域设置安全级别

在 Internet 中，用户可自定义某个区域中 Web 内容的安全级别，安全级别越高越安全。操作步骤如下：

（1）打开 IE 浏览器，选择"工具/Internet 选项"命令，在打开的"Internet 选项"对话框中单击"安全"选项卡，如图 16-12 所示。

（2）选择要设置安全级的某个区域后，单击 自定义级别(C)... 按钮，打开"安全设置"对话框，如图 16-13 所示。

（3）在"设置"列表框中选择要定义安全级别的选项，在"重置为"下拉列表框中选择一种安全级别，然后依次单击 确定 按钮即可完成设置。

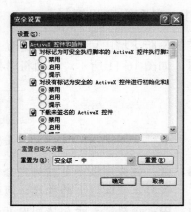

图 16-12 "安全"选项卡　　　　　　　图 16-13 "安全设置"对话框

16.4 系统漏洞的更新

可以说任何操作系统都存在漏洞，这些漏洞为企图攻击电脑的黑客提供了可趁之机，因此，对于系统的漏洞，要经常进行修复更新，才能保持其安全性，操作系统漏洞的更新可通过其自带的更新设置进行。下面将对系统漏洞的相关知识进行讲解。

16.4.1 操作系统漏洞概述

操作系统本身在逻辑设计上的缺陷或在编写时产生的错误形成了操作系统的漏洞，这些漏洞被不法者或电脑黑客通过植入木马、病毒等方式进行攻击，窃取用户电脑中的重要资料和信息，严重的甚至破坏电脑系统。

系统漏洞产生的原因主要有以下几个方面。

➥ 编程人员为实现不可告人的目的，在程序编写过程中，在程序代码的隐蔽处保留后门。

➥ 编程人员在编写系统代码时，由于能力、经验和当时安全技术的不足，编写的程序不能做到尽善尽美。

↘　编程人员无法弥补硬件的漏洞，从而使硬件的问题表现在软件中。

16.4.2　为系统安装漏洞补丁

目前主流的 Windows XP 和 Windows 7 操作系统，Microsoft 公司会定期对已知的系统漏洞发布相应的补丁程序，并且会在某个时间段对系统进行重大升级，用户可定期下载并安装补丁程序，使电脑系统不会轻易地被病毒入侵。用户可以使用多种方法更新 Windows 操作系统，主要包括自动更新、网页更新和使用更新程序等。

操作系统可通过自带的更新程序，自动的从网上下载并安装补丁进行更新，只需在系统中开启自动更新即可。

【例 16-2】　开启系统自带的自动更新。

（1）选择"开始/控制面板"命令，在打开的窗口中双击 自动更新 图标，如图 16-14 所示。

（2）在打开"自动更新"对话框的"自动更新如何工作？"栏中选择自动更新的模式，这里选中 有可用下载时通知我，但是不要自动下载或安装更新。 单选按钮，然后单击 确定 按钮，如图 16-15 所示。

图 16-14　"控制面板"窗口

图 16-15　"自动更新"对话框

（3）启动系统自动更新之后，更新程序将检测下载并安装需要的补丁，同时在任务栏右侧的提示框中显示 图标。单击该图标即可打开"自动更新"对话框，选择需要下载的补丁程序，然后重新下载即可，如图 16-16 所示。

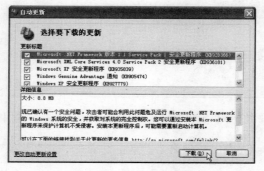

图 16-16　开始下载更新

16.4.3 应用举例——使用网页更新系统漏洞

在系统中还可以通过网页更新的形式来为系统漏洞进行下载和安装补丁。

操作步骤如下：

（1）选择"开始/所有程序/Windows Update"命令，如图16-17所示。

（2）在打开的Windows XP更新页面的欢迎访问窗格中单击 快速 按钮，如图16-18所示，系统开始查找适合用户电脑的更新程序。

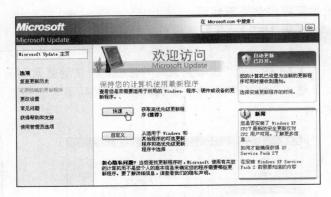

图16-17 选择命令　　　　　　　　　　图16-18 "欢迎访问"窗格

（3）第一次使用Windows XP的更新程序，系统可能要求用户下载并安装最新版的Windows Update软件，并在打开的页面中提供一些提示信息，单击页面中的 立即下载和安装 按钮，如图16-19所示。

（4）系统将开始下载并安装最新的Windows Update软件，安装完成之后单击 关闭 按钮即可，如图16-20所示。

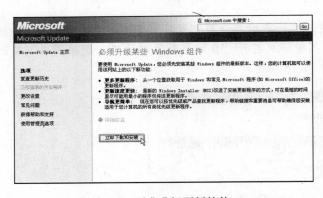

图16-19 要求升级更新软件　　　　　　　　图16-20 完成安装

（5）安装Windows Update软件之后，单击页面中"您的结果"窗格中的 继续 按钮，如图16-21所示。

（6）打开验证页面，选中 ⊙ 是，请帮助我验证Windows并获取适用于我的计算机的所有重要更新程序(推荐) 单选按钮，并单击 继续 按钮，如图 16-22 所示。

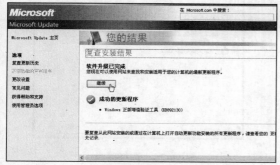

图 16-21　"您的结果"窗格

图 16-22　验证 Windows

（7）通过验证之后，系统将开始下载并安装更新程序，单击页面中的 安装更新程序 按钮，如图 16-23 所示。

（8）安装完成之后，在打开的对话框中单击 现在重启 按钮，将重新启动电脑，使刚安装的更新程序生效，如图 16-24 所示。

图 16-23　安装更新程序

图 16-24　完成更新

16.5　上机及项目实训

16.5.1　使用 360 杀毒软件查杀病毒

使用 360 杀毒软件查杀病毒，可提高电脑操作系统的安全性，360 杀毒软件能有效地阻拦多种病毒，保护电脑免受病毒的侵犯。下面讲解如何使用 360 杀毒软件查杀病毒。

操作步骤如下：

（1）在 360 官方网站上下载并安装 360 杀毒软件，安装后双击桌面上的 360 杀毒软件图标，启动软件，在主界面中单击"指定位置扫描"按钮，如图 16-25 所示。

（2）在打开的"选择扫描目录"对话框中选择要扫描的磁盘，这里选中 ☑ 本地磁盘（D:）复选框。单击 扫描 按钮，如图 16-26 所示。

图 16-25　360 杀毒软件主界面

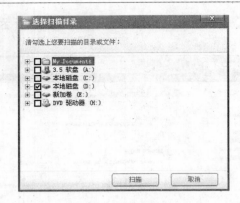

图 16-26　选择磁盘

（3）在打开的窗口中将显示病毒扫描的进度，如图 16-27 所示。

（4）扫描完成后，在窗口中会显示扫描的结果，如图 16-28 所示，如果发现病毒，可根据提示对病毒进行清除或隔离。

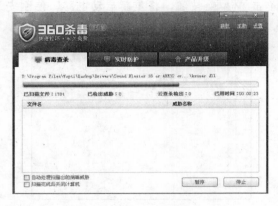

图 16-27　扫描进度

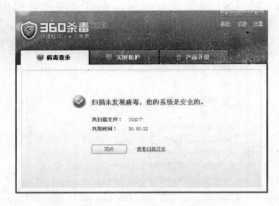

图 16-28　扫描结果

提示：

使用 360 杀毒进行查杀病毒时，还可以选择快速扫描和全盘扫描形式来扫描病毒。

16.5.2　使用 360 安全卫士修复系统漏洞

360 安全卫士能全面地检测出系统漏洞，本例将使用 360 安全卫士修复操作系统漏洞。

本练习可结合立体化教学中的视频演示进行学习（立体化教学:\视频演示\第 16 章\使用 360 安全卫士修复系统漏洞.swf），主要操作步骤如下：

（1）打开 360 安全卫士的主界面窗口，单击"修复漏洞"选项卡，程序将自动检测系统中存在的各种漏洞，单击 立即修复 按钮，如图 16-29 所示。

（2）360 安全卫士在安装下载完一个漏洞的补丁程序后，将在该选项的"状态"栏中显示"已修复"字样。

（3）待全部漏洞修复完成后，360 安全卫士会建议用户重新启动电脑使修复生效，重新启动电脑后，最好重新对系统漏洞进行扫描，保证系统中的漏洞已经全部被修复，如图 16-30 所示。

图 16-29　扫描漏洞

图 16-30　完成修复

16.6　练习与提高

（1）使用 360 杀毒软件对电脑进行全面扫描，查杀电脑中的病毒，并结合 360 安全卫士修复系统漏洞。

提示：本练习可结合立体化教学中的视频演示进行学习（立体化教学:\视频演示\第 16 章\使用 360 杀毒软件和 360 安全卫士.swf）。

（2）为电脑安装防火墙，降低电脑感染病毒的可能性。

 **电脑安全防护注意事项**

本章主要讲解了电脑的安全防护，了解电脑病毒和黑客攻击对电脑的危害，在进行安全防范的时候，需注意以下两点。

- 使用 360 杀毒软件进行杀毒，需经常对病毒库进行升级，加强对最新病毒的防范。
- 360 安全卫士中的木马防火墙也具有防御黑客攻击的功能，但由于其主要针对的是防御木马攻击，因此功能没有天网防火墙全面。

第 17 章　电脑常见故障排除

学习目标

☑　了解引起电脑故障的原因
☑　了解电脑故障的检测方法
☑　电脑常见故障的处理，如电脑死机、电脑蓝屏、无法开机和自动重启等

目标任务&项目案例

使用替换法排除电脑硬件故障

USB 接口硬件无法停止

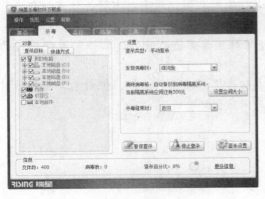

查杀病毒

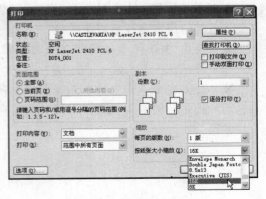

打印机使用不正常

　　用户在使用电脑时发生病毒感染和误操作等容易造成电脑发生故障，给用户的操作带来诸多不便。因此，对电脑的日常维护以及快速排除电脑故障就显得尤为重要，本章将对一些典型的电脑故障进行分析讲解。

17.1　电脑故障的检测

在使用电脑的过程中经常会遇到各种各样的异常现象，当电脑出现故障时，首先应该判断故障的位置及产生的原因，这样才能够根据实际情况采取相应的措施排除故障，下面将对电脑故障的相关知识进行讲解。

17.1.1　电脑故障概述

电脑的故障一般包括不能正常开机、操作系统崩溃、应用程序出错和网络系统故障等，通常分为硬件故障和软件故障两大类，下面分别对其进行讲解。

1．硬件故障

硬件故障包括板卡、外设等因电气或机械故障引起的硬故障，也包括因硬件安装、设置或外界因素影响而造成系统无法正常工作的软故障。

2．软件故障

软件故障通常是软件在使用的过程中出现的故障，主要包括以下几个方面。

- BIOS 错误或设置不当。
- 操作系统和应用软件出错。
- 系统设备的驱动程序出错。
- 操作系统、驱动程序、应用软件与硬件设备等之间不兼容。
- 电脑病毒引发的故障。

17.1.2　引起电脑故障的原因

要想排除电脑出现的故障，首先要了解引起故障的主要原因，这样才能在检测和排除电脑故障时做到有章可循，目标明确，下面将对引起电脑故障的几种原因进行讲解。

- **环境因素：**电脑是一种精密仪器，对工作环境要求较高，如果长时间在恶劣环境中工作，就可能引起电脑故障，电脑的工作环境主要受温度、湿度、灰尘、电源和电磁波等几个因素影响。
- **硬件质量因素：**由于电脑硬件的生产厂商众多，产品质量也良莠不齐，而电脑要靠硬件的整体协同工作才能发挥作用，其中的某个部件如果出现了问题都有可能导致电脑不能正常运行。
- **兼容性因素：**由于电脑的内部硬件众多，生产厂商也不尽相同。因而出现不兼容问题比其他的设备也要多。电脑内部硬件与硬件之间、硬件与操作系统之间、硬件与驱动程序之间出现不兼容因素时通常会影响电脑的正常运行，严重的还会造成不能开机等故障。
- **人为因素：**用户不好的使用习惯和错误的操作都有可能造成电脑故障的出现。
- **电脑病毒：**电脑病毒是一种恶意的程序代码，电脑如果感染病毒，严重的会破坏硬盘的数据、改写电脑的 BIOS，造成电脑使用不正常或是根本不能使用。

17.1.3　检测电脑故障的一般方法

检测电脑故障的常用方法主要有观察法、替换法、插拔法和最小系统法等，针对不同的故障使用不同的检测方法可以快速找到故障的原因，进而排除电脑故障，下面将对这几种方法进行简单介绍。

1．观察法

观察法是通过看、听、闻、摸等手段来判断电脑故障的位置和原因。

- **看**：主要看插头、插座等连接是否良好，板卡和其他设备是否有烧焦的痕迹，有无元件短路，电路板上是否有虚焊、脱焊和断裂等现象。
- **听**：通过听电源风扇、CPU 风扇、硬盘和显示器等设备的工作声音是否正常来判断故障产生的原因。
- **闻**：通过闻主机和显示器是否有烧焦的气味来判断设备是否被烧毁。
- **摸**：通过用手触摸元件表面的温度高低来判断元件工作是否正常，板卡是否安装到位和接触不良。

2．替换法

用替换相同或相近型号的板卡、电源、硬盘、显示器以及外部设备等部件来判断电脑故障。替换部件后如果故障消失，就表明被替换的部件有问题。

3．插拔法

插拔法是检测电脑故障的一种较好的方法，通过插拔板卡后观察电脑的运行状态来判断故障的所在。若拔出除 CPU、内存、显卡外的所有板卡后系统工作仍不能正常，那么故障很有可能就在主板、CPU、内存或显卡上。另外，插拔法还能将查出一些如芯片、板卡与插槽接触不良所造成的故障。

提示：

> 主机内的大多数板卡等硬件是不能热插拔的，如果对其进行热插拔很可能会损坏硬件，所以在插拔硬件时一定要断开电源。

4．最小系统法

电脑能运行的最小环境就是电脑的最小系统，即是电脑运行时主机内的部件最少。如果在最小系统（主板上插入 CPU、内存和显卡，连接有显示器和键盘）时电脑能正常运行，则故障应该发生在没有加载的部件上或兼容性问题上。

提示：

> 除以上几种方法外，还可以通过震动敲击法、清除尘埃法、升温降温法和程序检法来检测电脑故障。

17.1.4　检测电脑故障的注意事项

为避免对电脑造成更大的破坏，在检测电脑故障时要使用正确的方法，下面对检测电脑故障时应注意的事项进行讲解。

- **断开电源**：在检测电脑时应断开电源，因为电脑内的大多数部件不能进行热插拔操作，如果对这些部件进行热插拔操作很可能会将其烧毁。
- **防止静电**：电脑内的部件对于静电很敏感，因为静电很可能会损坏元件。在进行相应操作时，应采取必要的防静电措施，如用手触摸水管来释放身体内的静电或戴防静电手套。
- **备妥工具**：对电脑进行故障检测和维护需要一些工具，备妥这些工具将有助于加快故障的诊断和快速解决故障。

17.2　常见电脑故障的处理

掌握常见电脑故障的处理方法，能够快速地排除电脑故障，从而将电脑故障带来的不便和损失降到最低。下面将对电脑常见故障的处理方法进行介绍。

17.2.1　电脑死机故障

电脑死机故障即无法启动操作系统，画面无反应，鼠标、键盘无法输入，软件运行非正常中断等。造成电脑死机的原因一般有硬件与软件两方面，下面分别进行讲解。

1．由硬件原因引起电脑死机

引起电脑死机故障的硬件原因很多，下面将对几种典型的原因进行讲解。

- **CPU 超频**：超频提高了 CPU 的工作频率，同时，也可能使其性能变得不稳定。其原因是 CPU 在内存中存取数据的速度快于内存与硬盘交换数据的速度，超频使这种矛盾更加突出，加剧了在内存或虚拟内存中找不到所需数据的情况，这样就会出现"异常错误"，最后导致死机。
- **散热不良**：显示器、电源和 CPU 在工作中发热量非常大，因此保持良好的通风状态非常重要。工作时间太长会导致电源或显示器散热不畅而造成电脑死机，另外，CPU 的散热不畅也容易导致电脑死机。
- **内存容量不够**：内存容量越大越好，最好不小于硬盘容量的 0.5%~1%，过小的内存容量会使电脑不能正常处理数据，导致死机。
- **硬盘故障**：主要是硬盘老化或由于使用不当造成坏道、坏扇区，电脑运行时就很容易死机。
- **设备兼容性**：如主板主频和 CPU 主频不匹配，可能就不能保证电脑运行的稳定性，因而导致频繁死机。
- **灰尘过多**：机箱内灰尘过多也会引起死机故障，如软驱磁头或光驱激光头沾染过多灰尘后，会导致读写错误，严重的会引起电脑死机。
- **硬件资源冲突**：由于声卡或显卡的设置冲突，引起异常错误导致死机。此外，硬件的中断、DMA 或端口出现冲突，会导致驱动程序产生异常，从而导致死机。

2．由软件原因引起的死机

同样，引起电脑死机的软件原因也同样存在，下面将对其进行讲解。

- **病毒感染**：病毒可以使电脑工作效率急剧下降，造成电脑频繁死机。
- **误删除系统文件**：如果系统文件遭破坏或被误删除，即使 BIOS 中各种硬件设置正确无误也会使电脑死机或无法启动。
- **非法操作**：用非法格式或参数非法打开或释放有关程序，也会导致电脑死机。
- **启动的程序太多**：这种情况会使系统资源消耗殆尽，使个别程序需要的数据在内存或虚拟内存中找不到，也会出现"异常错误"。
- **非正常关闭电脑**：不要直接使用机箱中的电源按钮关机，否则会造成系统文件损坏或丢失，引起电脑自动启动或运行中死机。
- **非法卸载软件**：删除软件时不要把软件安装所在的目录直接删掉，因为这样就不能删除注册表和 Windows 目录中的相关文件，导致系统不稳定而引起死机。
- **BIOS 设置不当**：该故障现象很普遍，如硬盘参数设置、模式设置、内存参数设置不当，从而导致电脑无法启动。如将无 ECC 功能的内存设置为具有 ECC 功能，这样就会因内存错误而造成死机。
- **应用软件的缺陷**：Windows 7 是 64 位的，尽管它兼容 32 位软件，但是有许多地方无法与 32 位应用程序协调，导致电脑死机。
- **内存冲突**：通常应用软件是在内存中运行，而关闭应用软件后即可释放内存空间。但是有些应用软件由于设计的原因，即使在关闭后也无法彻底释放内存，当下一软件需要使用这一块内存地址时，发生冲突，会造成电脑死机。

3．预防电脑死机故障的方法

通过对电脑死机原因的了解，可针对其特点对电脑死机故障进行预防，下面对其进行介绍。

- **清洁各硬件设备**：电脑所运行的环境非常重要，长时间处在灰尘中工作的电脑很容易出现故障，定期给各硬件设备清尘是必不可少的。
- **磁盘清理、碎片整理和优化**：硬盘是数据存储的"仓库"。进行磁盘清理与碎片整理可以提高数据的存取速度，减少 CPU 的使用率。
- **CPU 超频适当**：CPU 超频不宜过高，并注意加强系统的散热功能。
- **升级杀毒软件**：杀毒软件是电脑中不可缺少的一部分，应定时升级杀毒软件，预防因病毒引起的死机，避免重要数据丢失。

17.2.2　自动重启故障

电脑的自动重启是指在没有进行任何启动电脑的操作下，电脑自动重新启动，这种情况通常也是一种故障，其诊断和处理方法如下。

1．由硬件原因引起的自动重启

硬件原因是引起自动重启的主要因素，通常可以由电源、内存、CPU、光驱、外接设备和 RESET 开关等引起，下面将分别进行介绍。

（1）电源因素

电源是硬件中引起电脑自动重启的主要因素。电源因素主要有以下几种情况。

- **输出功率不足**：当运行大型的 3D 游戏等占用 CPU 资源较大的软件时，CPU 需要大功率供电，电源功率不够而超载就会引起电源保护，停止输出，从而导致电源再次启动。由于保护/恢复的时间很短，因此表现为电脑自动重启。
- **直流输出不纯**：数字电路要求纯直流供电，当电源的直流输出中谐波含量过大，就会导致数字电路工作出错，具体表现就是经常性的死机或重启。
- **动态反应迟钝**：CPU 的工作负载是动态的，对电流的要求也是动态的，而且要求动态反应速度迅速。品质差的电源动态反应时间长，也会导致经常性的重启。
- **超额输出**：更新设备（如高端显卡/大硬盘/视频卡）或增加设备（如刻录机/硬盘）后，功率超出原配电源的额定输出功率，就会导致经常性的死机或重启。

排除电源故障的的方法是：更换成高质量大功率电脑电源。

（2）内存因素

内存出现问题导致系统重启的几率相对较大，主要有以下两种情况。

- **热稳定性不良**：虽然开机可以正常工作，但是当内存温度升高到一定温度时，就不能正常工作，导致死机或重启。
- **芯片轻微损坏**：开机可以通过自检（设置快速启动不全面检测内存），也可以进入正常的桌面进行正常操作，当运行一些 I/O 吞吐量大的软件（如媒体播放、游戏、平面/3D 绘图）时就会重启或死机。

排除故障的方法是：更换内存。

（3）CPU 因素

CPU 的温度过高或者缓存损坏也可能导致系统自动重启。

- **温度过高**：这种情况常常会引起保护性自动重启。温度过高的原因一般是由于机箱或 CPU 散热不良，导致散热不良的原因则有散热器的材质导热率低，散热器与 CPU 接触面之间有异物，风扇转速低，风扇和散热器积尘太多等。另外，主板中的测温探头损坏或 CPU 内部的测温电路损坏，主板 BIOS 在某一特殊条件下测温不准，BIOS 中设置的 CPU 保护温度过低等也会导致保护性重启。
- **CPU 内部的一、二级缓存损坏**：这是一种常见的 CPU 故障，损坏程度轻时，仍可以进入正常的桌面进行正常操作，当运行一些 I/O 吞吐量大的软件（如媒体播放、游戏、平面/3D 绘图）时就会重启或死机。

排除故障的方法是：在 BIOS 中屏蔽二级缓存（L2）或一级缓存（L1）或更换 CPU。

（4）光驱因素

通常光驱损坏大部分表现为不能读盘或刻盘，但也可能引起自动重启，主要有以下两种情况。

- **内部电路或芯片损坏**：导致主机在工作过程中突然重启。
- **光驱本身的设计不良**：导致在读取光盘时引起重启。

排除光驱故障的方法只能更换设备，或找专业维修。

（5）外部设备因素

外部设备同样也会导致自动重启，包括以下两种情况。

➦ **外设有故障或不兼容**：如打印机的并口损坏，某一脚对地短路，USB 设备损坏对地短路，针脚定义、信号电平不兼容等。

➦ **热插拔外部设备**：抖动过大，引起信号或电源瞬间短路。

排除这类故障的方法也是更换设备，或找专业维修。

（6）RESET 开关因素

机箱前面板 RESET 开关其实是热启动开关，按下该开关系统会自动重启，其功能如下。

➦ 机箱前面板 RESET 键实际是一个常开开关，主板上的 RESET 信号是+5V 电平信号，连接到 RESET 开关。当开关闭合的瞬间，+5V 电平对地导通，信号电平降为 0V，触发系统复位重启，RESET 开关回到常开位置，此时 RESET 信号恢复到+5V 电平。如果 RESET 键损坏，开关始终处于闭合位置，RESET 信号一直是 0V，系统就无法加电自检。当 RESET 开关弹性减弱，按钮按下去不易弹起时，就会出现开关稍有振动就易于闭合，从而导致系统复位重启。

➦ 机箱内的 RESET 开关引线短路，导致主机自动重启。

排除该类故障的方法是：更换 RESET 开关。

2．由软件原因引起的自动重启

在电脑故障中，由软件原因引起的系统自动重启现象比较少见，通常只有固定的几种，下面将对其进行讲解。

（1）系统文件损坏

系统文件损坏引起的自动重启原因和解决办法如下。

➦ **故障现象**：操作系统的系统文件被破坏，如 Windows 下的 KERNEL32.dll，系统在启动后无法完成初始化而强迫重新启动。

➦ **故障排除**：覆盖安装或重新安装操作系统。

（2）病毒控制

病毒控制引起的自动重启原因和解决办法如下。

➦ **故障现象**："冲击波"病毒发作时还会提示系统将在 60 秒后自动启动。

➦ **故障排除**：这是因为木马程序从远程控制了电脑的一切活动，并设置电脑重新启动，清除病毒、木马或重装系统。

（3）定时软件或计划任务软件起作用

定时软件或计划任务软件起作用引起的自动重启原因和解决办法如下。

➦ **故障现象**：如果在"计划任务栏"中设置了重新启动或加载某些工作程序时，当定时时刻到来，电脑也会再次启动。

➦ **故障排除**：对于这种情况，可以打开系统配置实用程序的"启动"项，检查执行文件或其他定时工作程序，将其屏蔽后再开机检查。

3．由其他原因引起的自动重启

还有一些非电脑自身原因也会引起自动重启，通常有以下几种情况。

(1) 市电电压不稳

电压不稳主要有以下两种情况。

- 电脑的开关电源工作电压范围一般为 170~240V，当市电电压低于 170V 时，电脑就会自动重启或关机。故障排除的方法是加稳压器（不是 UPS）或 130~260V 的宽幅开关电源。
- 电脑和空调、冰箱等大功耗电器共用一个插线板，在这些电器启动时，供给电脑的电压就会受到很大的影响，往往就表现为系统重启。故障排除的方法是把供电线路分开。

(2) 强磁干扰

电磁干扰也是造成电脑重启的重要原因之一。电磁干扰既有来自机箱内部 CPU 风扇、机箱风扇、显卡风扇、显卡、主板和硬盘的干扰，也有来自外部的动力线，变频空调甚至汽车等大型设备的干扰。这些干扰会影响电脑的正常使用，如果主机的抗干扰性能差或屏蔽不良，就会出现主机意外重启或频繁死机的现象。排除故障的方法是远离干扰源，或者将机箱更换成防磁机箱。

(3) 电源插座的质量差，接触不良

电源插座也是保证电脑正常工作的重要部件之一，应该注意其质量。电源插座在使用一段时间后，簧片的弹性慢慢丧失，导致插头和簧片之间接触不良，电阻不断变化，电流也随之起伏，系统会很不稳定，一旦电流达不到系统运行的最低要求，电脑就会重启。解决的方法是购买质量过关的好插座。

17.2.3　蓝屏故障

电脑蓝屏是指 Windows 操作系统无法从一个系统错误中恢复过来时所显示的屏幕图像，它是属于死机故障中的一种，比较特殊。

1．蓝屏的定义

蓝屏通常是指显示器出现蓝色屏幕或者系统崩溃，但从专业的角度讲，蓝屏指当 Microsoft Windows 操作系统崩溃或停止执行（由于灾难性的错误或内部条件阻止系统继续运行下去）时所显示的蓝色屏幕。

2．蓝屏的原因

Windows 之所以要选择蓝屏，是因为不知道该错误是否能被隔离出来从而不会伤害系统的其他程序与数据，或该组件将来是否能够恢复正常，而且该异常更有可能来源于更深层的问题，如内存的常规破坏，或者硬件设备不能正常工作，允许系统继续运行可能导致更多的异常，而且，存储在磁盘或其他外设中的数据可能也会遭受破坏。当由内核模式设备驱动程序或子系统引发一个非法异常，Windows 就会蓝屏崩溃，目的是提醒用户出现的异常，并阻止设备驱动程序或子系统继续往下执行。为了系统中的程序和数据的安全与完整，为了将用户的损失在第一时间减小至最低，Windows 将这种情况下的操作设置为蓝屏。

3．蓝屏故障排除方法

蓝屏故障产生的原因往往集中在不兼容的硬件和驱动程序、有问题的软件和病毒等，以下提供了一些常规的解决方案，在遇到蓝屏故障时，应先对照这些方案进行排除，下列内容对安装 Windows Vista 或 Windows 7 的用户都有帮助。

- **最后一次正确配置**：一般情况下，蓝屏都是出现在硬件驱动时或新加硬件并安装驱动后，这时 Windows 提供的"最后一次正确配置"功能就是解决蓝屏的快捷方式。重新启动操作系统，在出现启动菜单时按下"F8"键就会出现高级启动选项菜单，选择"最后一次正确配置"选项进入系统。

- **重新启动电脑**：蓝屏故障有时只是某个程序或驱动程序一时出错，重新启动电脑后会自动恢复。

- **运行 sfc/scannow**：运行 sfc/scannow 来检查系统文件是否被替换，然后用系统安装盘来恢复。

- **检查系统日志**：运行 EventVwr.msc 启动事件查看器，注意检查其中的"系统日志"和"应用程序日志"中表明"错误"的选项。

- **安装最新的系统补丁和 Service Pack**：有些蓝屏是 Windows 本身存在缺陷造成的，因此可通过安装最新的系统补丁和 Service Pack 来解决。

- **检查病毒**：如"冲击波"和"振荡波"等病毒有时会导致 Windows 蓝屏死机，因此查杀病毒必不可少。另外，一些木马也会引发蓝屏，所以最好用相关工具软件扫描检查。

- **新驱动和新服务**：在电脑中刚安装完某个硬件的新驱动，或者安装了某个软件，而它又在系统服务中添加了相应项目（如杀毒软件、CPU 降温软件和防火墙软件等），如果在重启或使用中出现蓝屏故障，可以进入安全模式来卸载、禁用驱动或服务。

- **检查新硬件**：通常在组装电脑后，如出现了蓝屏故障，可以检查新硬件是否插牢，这是容易被人忽视的问题。如果确认没有问题，将其拔下，然后换个插槽试用，并安装最新的驱动程序，同时还应对照 Microsoft 官方网站的硬件兼容类别检查硬件是否与操作系统兼容。如果该硬件不在兼容表中，那么应到硬件厂商网站进行查询，或者拨打电话咨询。

- **检查 BIOS 和硬件兼容性**：对于新组装的电脑经常出现蓝屏问题，应该检查并升级 BIOS 到最新版本，同时关闭其中的内存相关项，如缓存和映射。另外，还应该对照 Microsoft 的硬件兼容列表检查硬件。还有，如果主板 BIOS 无法支持大容量硬盘也会导致蓝屏，这样就需要对其进行升级。

- **查询停机码**：把蓝屏中的内容记录下来，到网上进入 Microsoft 帮助与支持网站输入停机码，找到有用的解决案例。另外，也可在百度或 Google 等搜索引擎中使用蓝屏的停机码搜索解决方案。

4．预防蓝屏故障的方法

对于电脑的蓝屏故障，可以通过以下方法进行预防。

- 定期升级操作系统、软件和驱动。

- 定期对重要的注册表文件进行备份，避免系统出错后，未能及时替换成备份文件而造成不可挽回的损失。
- 尽量避免非正常关机，减少重要文件的丢失，如.vxd、.dll 文件等。
- 对普通用户而言，系统能正常运行，可不必升级显卡、主板的 BIOS 和驱动程序，避免升级造成的危害。
- 定期检查优化系统文件，运行"系统文件检查器"进行文件丢失检查及版本校对。
- 减少无用软件的安装，尽量不用手工卸载或删除程序，以减少非法替换文件和文件指向错误的出现。
- 如果不是内存特别大和其管理程序非常优秀的系统操作，应尽量避免大程序的同时运行。
- 定期用杀毒软件进行全盘扫描，清除病毒。

17.2.4　应用举例——无法开机故障

电脑开机时无法进入 Windows，这也是最常见的电脑故障，下面将对这一故障进行讲解。

1．开机无显示

故障现象：开机后屏幕没有任何显示，没有听到主板喇叭的"滴"声。

故障排除：对于这种状况首先查看显示器指示灯是否变亮，如果变亮，表示电源无问题，调节显示器亮度，如果故障依然存在，说明显示器内部可能有接触不良、部分电路烧坏或保险丝熔断等故障；再检查显卡，如果听到一长三短的报警声，说明显卡有问题，首先检查显卡与插槽之间是否接触良好，然后通过交换法检测显卡是否有问题；接着检查主板，如果听到连续短响的报警声说明主板有问题，可通过交换法检测主板是否有问题；最后检查内存，首先检查内存是否与插槽接触良好，如果确认接触良好，可通过交换法检测内存是否有问题。

2．开机屏幕无显示

故障现象：按 Power 键后，光驱灯闪烁，主板电源提示灯亮，电源正常，但是屏幕无显示，没有"滴"声。

故障排除：CUP 损坏后会出现此现象，BIOS 在自检过程中首先对 CPU 检查，CPU 损坏无法通过自检，电脑无法启动。检查 CPU 是否安装正确，使用替换法检查 CPU 是否损坏，如果 CPU 损坏，更换 CPU。有时某些质量不佳的机箱的 Power 和 Reset 容易卡在里面或者内部短路，造成按键始终被连通，会出现电脑重复开机或重新启动的状态，或造成无法开机的假象。应及时更换损坏的按键，或使用某些润滑剂润滑按键，减少摩擦。

3．自检无法通过

故障现象：按下 Power 键后，自检无法通过，显示器没有显示，显示器指示灯呈橘红或闪烁状态。

故障排除：出现这种情况可能是因为在自检过程中，显卡没有通过自检，无法完成基本硬件检测，无法启动。对于这种状况可检查显卡金手指是否被氧化或接口中有大量灰尘导致短路，应该用橡皮轻擦金手指，并清理主板显卡插槽中的灰尘。同时使用替换法排除显卡损坏的问题，如果显卡损坏，更换显卡即可。

4．开机没有自检

故障现象：开机后没有完成自检，没有听到一声"滴"声，同时发出连续的"滴-滴-滴..."声。

故障排除：根据 BIOS 厂商提供的 BIOS 报警提示音说明，该现象一般是内存出现故障，内存损坏的几率较小，大部分问题都是由于内存金手指氧化或插槽接触不良造成的。首先检查金手指、内存插槽、芯片和 PCB 是否有烧毁的痕迹，如果有，建议更换内存，如果没有，建议使用橡皮轻擦金手指，然后重新插入内存槽。

5．键盘指示灯无显示

故障现象：开机通电后，电源正常，但是键盘上 Num Look 等指示灯没有闪烁，无法完成自检。

故障排除：主板的键盘控制器或 I/O 芯片损坏，无法完成自检，通过厂家更换 I/O 芯片，并检查键盘接口电路。

17.3　上机及项目实训

在电脑中安装新硬件后，如无法正常使用该设备，则可能是如下几种原因所造成的：系统设置与新添加的硬件设备发生冲突；没有安装或没有正确安装硬件驱动程序；硬件和相关软件之间发生冲突。

17.3.1　U 盘无法正常移除的故障排除

使用 U 盘后，在进行安全地移除时，总是弹出提示无法安全地移除硬件设备的对话框，如图 17-1 所示。

图 17-1　无法移除 U 盘

下面将对此现象的原因及排除方法进行讲解，操作步骤如下：

（1）Windows XP 用户不必安装 U 盘的驱动程序，因此不可能是驱动程序的故障。

（2）经常使用 U 盘，并且是在不同的电脑间复制文件，所以考虑是病毒破坏所致，首先可以使用杀毒软件进行杀毒，操作后并没有发现病毒。经过检查，发现是杀毒软件自带的 U 盘杀毒功能，使 U 盘一直处于使用状态，导致无法正常卸载，对于这种状况暂时关闭该功能即可卸载。

17.3.2　打印机不能正常使用的故障排除

新选购的打印机用 USB 数据线连接到电脑后，提示安装成功，但在文档编辑软件后却不能设置纸张大小。

造成这种现象可能是由于打印机在安装时操作系统自动安装了驱动程序，所以并没有安装购买打印机时所提供的驱动光盘中的原装驱动程序。将驱动光盘插入光驱中重新安装驱动程序即可，如图 17-2 所示。

🔔注意：

> 在为打印机安装驱动程序时，最好使用该打印机附带的驱动光盘进行安装，这样驱动程序与打印机的兼容性是最好的，如果驱动光盘丢失，可在网上下载与其匹配的驱动程序进行安装。

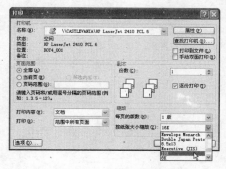

图 17-2　设置纸张大小

17.4　练习与提高

（1）使用拔插法检测电脑硬件故障是否存在。

（2）了解电脑死机故障的原因，做好预防工作，并学会检测死机故障的方法，及时排除故障。

（3）到网上搜索一些故障案例，根据具体的故障表现，结合所学的知识，判断故障的原因，找到故障排除的方法，对比网上的处理方案。

（4）在网上查找一些常见的硬件故障，试着进行故障排除。

（5）完成电脑组装与维护的相关操作，并试着独立完成一台电脑的组装和维护操作。

经验技巧　**电脑故障排除一般方法**

> 通过本章的学习，我们可以认识到，在电脑出现故障时，首先要找到其原因，然后根据具体故障原因进行故障排除。
>
> ↪　了解电脑中主要出现故障的硬件，并掌握其故障排除的方法。
>
> ↪　为电脑设置安全防护，防止感染病毒引起故障，为电脑安装杀毒软件并开启防火墙。